URBAN RENEWAL SHANGHAI MODEL

城市更新

上 海 样 本

中国建筑学会 编

上海科学技术文献出版社
Shanghai Scientific and Technological Literature Press

图书在版编目（CIP）数据

城市更新 ： 上海样本 / 中国建筑学会编. -- 上海 ： 上海科学技术文献出版社, 2024. -- ISBN 978-7-5439-9224-5

Ⅰ. TU984.251

中国国家版本馆 CIP 数据核字第 2024AA9211 号

责任编辑：张雪儿
封面设计：宋思敏
版式设计：宋思敏

城市更新・上海样本

URBAN RENEWAL SHANGHAI MODEL

中国建筑学会　编

出版发行：上海科学技术文献出版社
地　　址：上海市淮海中路 1329 号 4 楼
邮政编码：200031
经　　销：全国新华书店
印　　刷：上海邦达彩色包装印务有限公司
开　　本：787x1092 1/16
印　　张：16.5
字　　数：305 000
版　　次：2024 年 9 月第 1 版　2024 年 9 月第 1 次印刷
书　　号：ISBN 978-7-5439-9224-5
定　　价：142.00 元
http://www.sstlp.com

总 序

现阶段我国城市的发展从大规模增量建设进入提质改造和增量结构调整并重的历史全新阶段，城市更新已经成为推动城市高质量发展最重要的内容以及载体。党的二十大报告中也提出，“提高城市规划、建设、治理水平，加快转变超大特大城市发展方式，实施城市更新行动，加强城市基础设施建设，打造宜居、韧性、智慧城市”。十四五规划明确提出实施城市更新行动，首次将“城市更新”纳入国家五年发展规划。住房和城乡建设部部长倪虹则在十四届全国人大一次会议上进一步强调，牢牢抓住让人民群众安居这个基点，推动好房子、好小区、好社区、好城区建设，把城市规划好、建设好、治理好。城市更新归根结底是不断提升人民群众的获得感、幸福感和安全感，这是一次历史机遇，同时也是巨大挑战，只有通过创新技术手段及运营模式，才能提升城市的整体性、系统性、宜居性、包容性和生长性，进而为城市高质量可持续发展不断提供内生动力。

为贯彻落实党中央、国务院有关决策部署，全国各地积极探索、分类推进实施城市更新行动，涌现了一些具有典型意义的地方城市更新成功的代表案例。各城市基于自身独特的发展历程和人文风貌，形成了与众不同的发展轨迹，积累了一批好经验、好做法。其中就包括北京市首钢老工业区和杨梅竹斜街，上海市张家花园、蟠龙天地和鸿寿坊，广州市永庆坊和沙步村，深圳市元芬新村城中村，景德镇市工业遗产，沈阳市东贸库等典型案例。这些案例中，既有着眼业态功能升级、公共空间更新、特色风貌塑造、社区更新等维度的技术层面创新，又有突出在运营过程中的难点解决，如多部门共同协商、对政策惯例和传统规划指标的突破尝试、资金平衡可操作的金融创新、引进社会力量参与城市更新可操作模式的创新以及发挥“建筑师负责制”的积极作用等各方面的创新，通过探索城市更新中精细化设计与治理的实践，针灸式地激活城市空间，释放出城市高质量发展新动能。

中国建筑学会自1953年成立至今，已有71年历史。作为建筑学界的学术殿堂，中国建筑学会始终胸怀国之大者，心系民之所望，一直秉持“学术追求、行业引领、政府助手、会员之家”的办会方针，集中了我国建筑界各专业最优秀的专家、学者和工程技术人员，充分发挥桥梁纽带的作用和专业智库的优势，致力于推动我国科学技术进步、建筑文化繁荣和建筑行业发展，为我国住房城乡建设事业取得辉煌瞩目的成就做出了重要贡献，是新中国住房城乡建设事业发展重要的参与者、推动者和见证者。

回顾我国近期城市更新工作，如何增强城市更新社会力量参与的动力，保持城市更新后城市的活力和生命力，各地都有很好的探索，为我们提供了较好的解决方案和可供借鉴的成功案例。总结各地城市更新探索中的经验，为推动各地区城市更新的工作，中国建筑学会联合地方社会组织编辑出版“城市更新 · 地方样本”系列丛书，意在从社会影响力和对城市的贡献度、规划和建筑设计的技术层面、前期策划到后期运营的全过程、政策和规范突破、融资方式创新以及社会力量引入模式的创新等多维度对优秀案例实践进行归纳总结，从而得出“地方样本”“地方模式”，以期在可操作性和可复制性上总结经验，推动各地区的城市更新工作交流，引领全国城市更新的变革，提升城市建设品质。希望本套丛书在深入贯彻落实国家战略和中央决策部署的前提下，成为一套集系统性和实用性于一体的具有实践指导意义的丛书，为政府主管部门、开发建设机构、规划设计机构的更新工作提供参考借鉴，并促进相互交流。

中国建筑学会理事长

编委会

“城市更新·地方样本”丛书编委会

编委会主任： 修 龙

编委会成员： 崔 愷 王建国 孟建民 常 青 庄惟敏
梅洪元 李存东 曹嘉明 张俊杰

丛书主编： 曹嘉明

《城市更新·上海样本》编委会

编委会主任： 张俊杰

编委会成员：（按姓氏笔画排序） 马珏伟 牛 斌 邓 刚 刘宇扬 李向民
李晓炜 何 兼 沈晓明 宋照青 张 辰
张 斌 陈文杰 陈国善 施泽淞 黄向明
黄庚圣 章 明 蒋 愈 蔡 淼

编写工作组： 莫 霞 吕亚范 王嘉毅 张 强 魏 沅

主编单位： 中国建筑学会

《城市更新 · 上海样本》

合作单位： 上海市建筑学会
城市公共艺术研究中心
《建筑实践》杂志社

参编单位：（排名不分先后）
上海城投控股股份有限公司
上海嘉韵投资管理发展有限公司
华东建筑设计研究院有限公司
同济大学建筑设计研究院（集团）有限公司
上海现代建筑规划设计研究院有限公司
上海建筑设计研究院有限公司
上海市建工设计研究总院有限公司
上海市建筑科学研究院有限公司
上海天华建筑设计有限公司
上海尤安建筑设计股份有限公司
上海水石建筑规划设计股份有限公司
上海日清建筑设计有限公司
上海明悦建筑设计事务所有限公司
上海本哲建筑设计有限公司
goa 大象设计
gad 杰地设计
HPP 建筑事务所
刘宇扬建筑事务所
致正建筑工作室

前 言

中国建筑学会“城市更新 · 地方样本”系列丛书编委会由多位院士、大师、专家组成，中国建筑学会理事长修龙亲自担任编委会主任，充分说明中国建筑学会对国家战略实施的积极响应，也体现了对此系列丛书的充分重视。此套丛书不仅仅汇编了优秀案例，更重要的是总结优秀案例的构成逻辑和运作模式，真正成为“样本”而对各地城市更新工作有着交流和指导意义，共同推动城市更新高质量发展。

《城市更新 · 上海样本》是“城市更新 · 地方样本”系列丛书的第一部，编写压力之大可想而知。我们尽最大努力，希望达到预设目标。本书与以往的案例汇编的不同之处就在于本书梳理近年来上海在城市更新方面的典型案例和运行模式，提炼出内在逻辑奉献给读者。案例解读使读者能清晰地了解近年来上海地区在城市更新方面所做出的努力和探索。

上海和全国其他地区一样，20 世纪 90 年代中期随着经济的高速发展开始大规模的城市化建设。特别是浦东的崛起，形成了浦江东西两岸新老城区相映成辉的时代特征。

在大拆大建的城市快速建设的时期，上海已经非常理性地提出了对历史建筑的保护。1989 年，上海推出了第一批优秀历史建筑名单及相应的保护措施，至今已推选出五批共计 1058 处优秀历史建筑、3435 处不可移动文物、397 条风貌保护街道、41 平方千米的历史文化风貌区和 250 片风貌保护街坊。保护对象类型涵盖了石库门里弄、工人新村、工业遗产、百年高校等。正是这些强有力的措施在快速建设时期保护了上海街道的原有肌理和优秀历史建筑的本色。

其中，20 世纪末上海新天地的建设既保留了原有区域的风貌特征，又激活了时代风尚，从而成为全国颇有影响力的旧区改造典型案例。同时，由下而上的田子坊改造把其原有里弄和街道工厂改造成创意产业园区，激活了民间生机勃勃的产业生态。随后又有了 M50 创意园区、建业里、来福士广场商业设施等一大批旧区和工业遗产改造。上海走出了一条颇具上海特色的建设更新之路，使这座城市既有当今时代的辉煌又有承载百年记忆的岁月痕迹，构成了丰富的城市特质。

进入 21 世纪 20 年代，城市更新已成为存量时代的主题，提升城市品质、关怀人本体验、留住城市记忆、注重有效运营成为这一阶段的重点。为了有序推进城市更新，上海市政府早在 2015 年就推出了《上海市城市更新实施办法》，2021 年颁布了《上海市城市更新条例》，2023 年又通过了《关于深化实施城市更新行动加快推动高质量发展的意见》。上海创设了存量时代下的自主更新的路径，细化完善了配套政策，形成了市、区、街镇、项目实施主体的四级工作网络。这一切都引导和促进了上海城市更新工作。

上海的城市更新涉及公共空间的重塑、老旧城区的改造、商业运行模式的改变、老旧小区以及工业遗产的更新等诸多方面。虽然项目各有不同，但是在探索如何发挥政府、企业、公众三类主体主动性以及平衡经济、社会、文化和空间的四种维度的相互关系上是相同的。这些项目在发挥设计在城市更新中的作用方面形成了自己的特点，例如探索建立“三师”负责制，即通过责任规划师、责任建筑师、责任评估师的联动来保证城市更新项目建设的质量，又例如以设计、采购、施工及运营一体化（EPCO），保证了运营的有效性。多方面的探索形成了上海在城市更新方面的特点。

在推动城市更新的工作中，几乎所有的项目都面临着政府、发展商、市民在社会、经济、文化不同的视角下的诉求，面临着现有政策、法规、技术规范方面对项目推进的框架。所有的问题都集中在“平衡”这个最难把握的词语之中。每一个项目都不尽相同而有所侧重，但每一个项目在以上问题上都要把握好“平衡”关系是相同的，成功的项目一定是找到了最为理想的“平衡”，而不是解决所有的诉求。这在本书汇编的项目当中都会有充分的体现。

上海的城市更新还有一个特点，就是比任何时候都重视建成后的后期运营。以往在大建设的过程中，往往把建设和运营两者分离开来，建设团队建造完成后交给运营团队，前期策划缺少运营的论据和研究，以至于造成投资巨大和运营低效的后果。剖析瑞安集团投资的鸿寿坊和蟠龙天地，其前期策划周期很长，细致认真地进行专业的调研分析，提出营造体验“人本享受”的空间和环境，而不是直接规划设计成“消费的空间”。在确定受众之后，又针对性很强地营造了符合其生活方式需求的配套设施和环境，从而在开业运营后取得了成功。

在城市空间方面，上海在后世博效应下，打通了“一江一河”，塑造了许多亲水的休闲空间，提升了城市品质。甚至充分利用了一些桥下的消极空间、口袋公园。老旧小区针灸式的局部环境提升也带给市民获得感。

综上所述，我们把本书主体部分分成标志上海、历史城区、公共空间、工业遗产、商业空间、社区更新六大篇章，并且在初始申报的 70 余个项目中精选出能够代表上海地区城市更新各个类型的 32 个案例来进行阐述。着重分析这些案例对城市的贡献度和社会影响力、前期策划和后期运营的全过程、政策法规和技术规范的适当应用、融资创新模式、围绕以人为本的服务体验和空间塑造等各方面。在书的结尾处还附有近年来上海市政府主管部门颁布的有关上海城市更新的政策文件。希望读者能通过阅读本书对当今上海城市更新工作的特点有较全面的了解，也希望本书能促进与全国城市更新工作的交流。

中国建筑学会副理事长

目录

标志上海

1 世界会客厅
2 杨浦滨江公共空间
3 苏州河滨水空间
4 老市府大楼
5 世博文化公园
6 蟠龙天地

商业空间

1 苏河湾万象天地
2 今潮8弄
3 鸿寿坊
4 田子坊画家楼
5 冷江雨巷西街

历史城区

1 张园
2 露香园
3 金家坊
4 顺昌路街坊
5 东平路街区
6 德邻公寓

工业遗产

1 上海二钢
2 上生·新所
3 EKA·天物
4 力波啤酒厂地块
5 武夷320
6 莘荟社区商业中心

公共空间

1 南浦火车站旧址
2 曹杨百禧公园
3 徐家汇体育公园
4 新境地市民中心
5 苏州河武宁路桥下驿站

社区更新

1 长白新村228街坊
2 乐山社区
3 长桥街道汇成片区
4 宛南六村

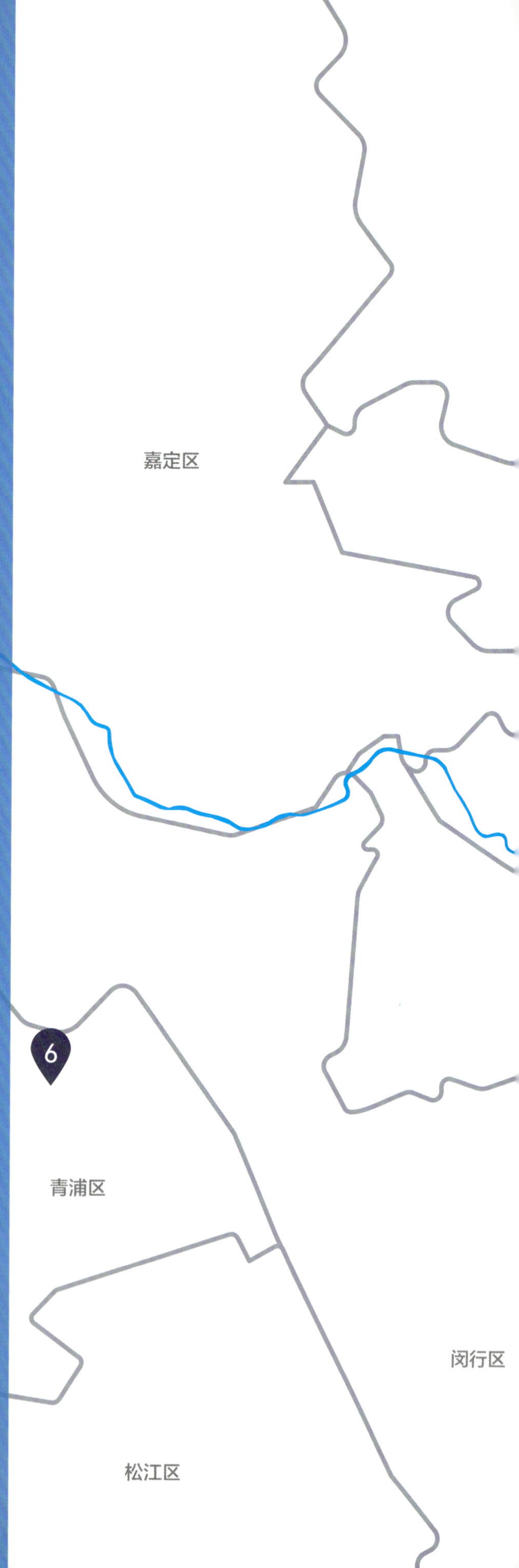

宝山区
杨浦区
静安区
虹口区
普陀区
浦东新区
黄浦区
长宁区
徐汇区
奉贤区

上海城市更新中的价值平衡、方法流程与设计服务探索

邓刚

约十年前，上海就开始了城市更新的探索。2015 年《上海市城市更新实施办法》创设了存量自主更新路径，此后，上海持续出台政策，不断完善与推进城市更新发展。2021 年《上海市城市更新条例》颁布。2023 年，针对不同类型的城市更新，上海细化完善配套政策，形成了以《关于深入实施城市更新行动加快推动高质量发展的意见》为龙头的“1+10+X”政策体系，搭建了市、区、街镇、项目实施主体四级工作网络，全面实施了综合区域整体焕新、人居环境品质提升、公共空间设施优化、历史风貌魅力重塑、产业园区提质增效、商业商务活力再造的城市更新六大行动。同时，城市更新中政府也背负了巨大的责任和压力，规模化更新难度日益增加。因此，面对当前形势，在城市更新中顺应价值规律，坚持理念创新、方法创新和系统化推进，统筹社会、专业等多元力量进一步参与城市更新十分重要。

一、城市更新中的价值平衡极为重要

城市更新涉及政府、企业、公众三类主体，以及经济、社会、文化和空间四个维度。其中，经济维度主要指财务价值，包括政府关心的土地收益、税收、产业提升等，以及企业关心的项目效益等。社会维度主要指公众利益，包括提升城市功能，激发城市活力，完善公共服务配套，实施历史风貌保护等。文化维度包含历史和文化价值。空间维度主要指环境载体，由建筑、景观等场所元素构成。项目按照收益程度进行分类，分为经营性、半经营性和公益性项目。城市更新中，多元价值维度与不同收益类型项目的综合价值平衡是关键。面对复杂的城市更新时，人们一般会聚焦于项目本身，疏于区域层面的系统谋划和贯穿项目全生命周期的策划，难以形成综合性的解决方案。以价值规律为基础，通过前瞻性谋划、专业性策划、合理性评估、陪伴式服务，在项目全生命全周期中，进行“跨区域、跨类型、跨周期”的综合价值平衡，是上海在城市更新中的重要经验。

1. 跨区域，就是要利用不同区域的土地级差效应促进平衡

过去依靠大型房地产开发项目收益进行平衡的时代已经过去，城市更新在绝大部分情况下难以全部实现就地价值平衡。不同地块在自然环境禀赋、产业发展定位、升值潜力、动拆迁成本等诸多方面差异颇大，在城市更新中，探索在跨地块、跨区域甚至跨行政区划的不同价值区域之间，进行回迁安置、产业发展以及多元定位的项目一体化策划与规划，通过容积率转移等方法平衡项目利益，将有助于整体价值的平衡，促进项目的启动与推进。

2. 跨类型，就是要进行不同收益水平项目之间的平衡

比如结合居住与非居项目类型上的平衡，在城市更新的区域腾出更多的非居空间，可为该区域的产业结构调整、人口居住密度调控做努力。大多数更新区域，要提升区域的定位水平，改善区域的功能业态，就要合理规划布局公共服务配套、产业类项目、交通系统，以及生态环境类项目，而适度保持居住类产品的总量，这是实现跨类型平衡的重要手段。

3. 跨周期，就是要取得近期收益与中远期收益之间的平衡

放长眼光，以时间换价值，在更长期的范围内，利用发展时间差带来的地产开发、产业发展、税收价值以及运营价值等综合效益增量，获得长期收益，是平衡近期的项目投入的重要方法。

上海城市更新的旧住房成套改造中，就综合运用了上述平衡方法。如低层住宅成套改造拆除后重建高层公寓，在满足回迁需求后，其余增量可转为保障性租赁住房，这部分增量可统筹商品住宅出让地块的保租房配建指标。如果房屋被拆除重建成公益性配套设施，还可得到政府资金补助。政府通过规划引导，用好容积率转移政策，提高了社会的积极性。此外，为突破融资瓶颈，各区积极申请地方政府债券，结合项目，进行适度的建筑量增容，并绑定可经营性设施等形成预期收益，推动专项债应用尽用。这些都是上海在城市更新中运用价值规律进行探索的实践。

二、上海城市更新中的方法与流程探索

为系统化稳步推进规模化的城市更新，上海正在逐步探索“前期更新研究—更新行动计划—更新方案制订—实施城市更新”的工作方法与流程。城市更新按照规模分为区域更新、零星更新。部分区域更新推进的方法及流程如下（图 1）。

1. 前期更新研究

全区范围的前期更新研究，首先是进行更新潜力评估，结合发展规划、总体规划、单元规划，以及城市体检情况，梳理出具有更新潜力及需求的区域；其次是进行更新潜力排摸，结合政府及市场主体意愿，进一步筛选、增补和分析区域更新信息。

重点区域的更新研究着重从三方面进行，一是现状情况了解，包括权属、使用、配套、绩效、主体更新意愿等；二是设计研究，探讨目标、用地、功能、布局、强度、高度以及公共要素等，为规划条件提供依据；三是实施模式研究，包括对更新路径、产权归集、土地供应、利益平衡、资金测算等内容进行研究。

在上述工作的基础上，首先形成更新潜力库，并实行项目入库和动态管理机制。然后，依据规划及近期发展重点，优先考虑居住环境差、基础设施服务配套弱、存在重大安全隐患、风貌保护提升需求强烈，以及与社会经济发展与规划落差大的区域。再选择更新意愿强、近期具备可实施性和操作性的区域，确定为城市更新先期启动区。

2. 更新行动计划

此环节主要包括更新区域划示、统筹主体遴选

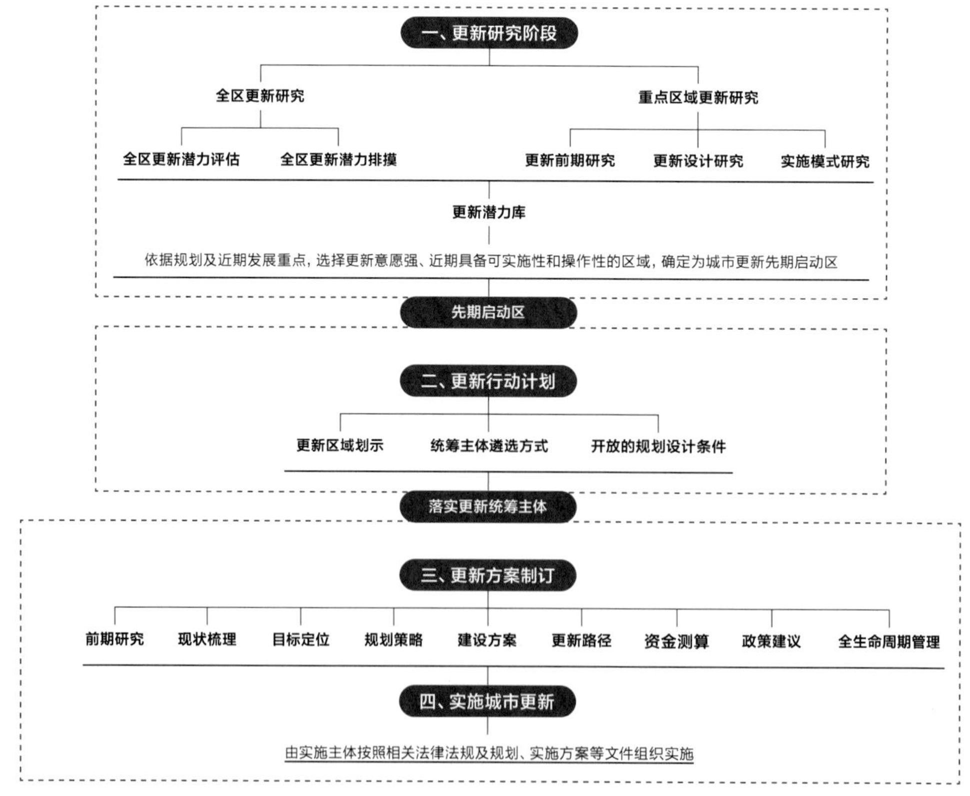

图1 上海城市更新的方法和流程

方式和开放的规划设计条件的落实。其中，更新区域划示一般根据区域情况以及更新需求，会涉及多个物业权利人，原则上不小于一个街坊，而且要将自上而下的规划引导和自下而上的实施可行性相结合。

统筹主体遴选一般面向市场主体，公开公平公正。对于风貌保护、产业园区转型升级、基础设施整体提升等特定情形可以由政府直接指定。基于统筹主体资格调查，可选择具有国资背景的企业推动后续整体片区更新工作的开展，也可由属地政府＋地方国资企业＋外部市场主体共同合作的方式开展。

开放的规划设计条件需明确土地使用、建设强度、建筑高度、城市界面、公共服务设施、公共绿地及开放空间、历史风貌保护等要求。结合实际情况，既要有弹性空间，也要有刚性底线。

3. 更新方案制订

更新方案制订前需要落实统筹主体。统筹主体将负责组织编制区域更新方案，并推进项目实施。更新方案非常多元，一般要包括前期研究、现状梳理、目标定位、规划策略、建设方案、更新路径、资金测算、政策建议、全生命周期管理等九个方面。

其中，现状的掌握及分析是基础（见表1），需要政府管理部门、统筹主体以及中介机构的协同努力；目标定位、规划策略、建设方案，要结合更新区域的实际情况，由统筹主体和设计机构互动完成；更新路径主要涉及产权归集方式（见表2）；资金测算既要有前期规划、建设指标和形态规划做依据，又要根据市场数据以及统筹主体的资金能力等条件，来判断总投入及收入的平衡情况；政策建议可能涉及土地，如供地方式、土地年期重置、边角扩大用地、产权虚拟归集等，其中规划政策，如容积率、高度、退距等，还可涉及统筹主体是否参与二级开发、公益性项目资金抵扣，以及相关财税补贴、国资考核等方面（见表3）；全生命周期管理主要是基于运营思维的全过程实施计划。更新不仅是建设问题，更重要的是成功的运营。

表1 地块信息汇总

地块总信息：
规划范围共涉及_____个街坊及用地数量_____（幅）

规划范围	地数量（幅）
开发边界内	
开发边界外	

门牌号	XXX号
权利人信息	
现状权属	
现状使用情况	
用地性质	
使用权来源	
证载面积	
现状建筑面积	
近三年税收及亩均产	
其他	

表2 产权归集工具

大类类型	具体类型	归集内容
政府归集	土地征收	地块规划为公益性用途
	协议收储	权利人同意，提前列入年度收储计划
统筹主体归集	股权归集	通过股权方式进行归集
	资产归集	通过资产整合方式进行归集
	权益置换归集	物业权利人可将房地产权益转让给市场主体，由该市场主体依法办理相关手续
	合作开发	由统筹主体与物业权利人合作更新

表3 政策建议

分类	具体内容
规划政策	如容积率、高度、退距等
土地政策	供地方式
	土地年期重置
	产权虚拟归集
	边角扩大用地
	用地功能转换
	……
集体资产	如以房换地等
产业	如统筹主体获取园区平台主体身份等
资金	如公益性项目资金抵扣等
金融	对外融资
	金融政策创新
	……
税收	契税减免
	超额税收返还
	……
其他支持事项	如国资增值考核等

由于区域城市更新的复杂性，往往是一地一方案，不同地区的更新方案很难简单拷贝。更新方案制订的水平往往也差异很大，这取决于统筹主体的综合能力以及编制单位的综合知识结构与能力水平。

4. 实施城市更新

确立统筹主体并落实其责任权利，是上海城市更新实施中的重要探索。2019 年，上海地产集团与区属国企成立了四个区级城市更新公司，拟作为统筹主体具体负责旧改地块的改造实施。与此同时，区级政府除区级财力投入外，也积极探索区属国有企业作为主体参与旧改。2023 年，静安区 10 幅零改地块的总投资约 205 亿元，其中的 200 亿元由区属国企融资，并采取“预供地”模式，即地块在征收后，未采用拍卖方式出让，而是由区属国企直接进入土地一级市场，并负责后续开发。

上海还坚持探索多种更新方式，灵活选用征收更新、自主更新、保留更新、划转更新、统筹更新等实施路径。其中，征收更新适合建筑质量较差、业态杂乱的项目；自主更新适合产权单一或权属高度集中，建筑的风貌、质量和业态等符合规划及需求，且权利人有更新意愿及能力的项目；保留更新适合房屋已更新或目前使用安全，形态符合风貌要求，功能业态符合发展要求的项目；划转更新适合由政府、事业单位或者国有企业持有的房屋，可通过国有资产划转，由统筹主体统一改造和经营；统筹更新适合产权相对集中的项目，权利人希望保留产权但不具备改造与运营能力的，可委托统筹主体对存量进行更新改造及经营。

三、建筑师在城市更新中的职能与作用

建筑师在城市更新中可承担很多的设计服务职能，城市更新是他们发挥重要作用的巨大空间。上海城市更新正在探索建立“三师”负责制，即通过责任规划师、责任建筑师、责任评估师进行联动，破解城市更新中存在的规划统筹不足、设计品质不高、标准规范不适配等问题。此外，建筑师负责制以及设计、采购、施工及运营一体化（EPCO）也是两条重要的设计服务方式与途径。两者的本质目的都是要充分发挥具备综合能力的建筑师或者设计机构的技术主导作用，在工程技术、品质控制上赋权设计师，加强从前期咨询、设计施工到后期运维管理等建设全过程的管控，提升项目品质；设计机构建构综合能力，完善知识结构，将设计服务阶段往前后端延伸，在项目全生命周期中，跨越前期研究、工程设计，以及施工及运营管理的服务类型、专业分类、时间周期，以需求为导向，对多个单一专业性环节进行协同整合及综合平衡，大幅提高更新项目的合理性、必然性及成功的可能性。这种以设计牵头的全流程服务模式较为适合城市更新的综合性需求。

1. 策划统筹，运营前置为项目提供稳固推进基础

在项目前期研究阶段，建筑师通过综合考虑技术和经济，以及在定位中就考虑平衡美观、进度和成本，以确保设计方案的可行性，以及项目的市场吸引力和经济效益。设计机构可以通过资源整合，提升项目的整体品质、效益、市场竞争力。该模式强调利益相关方之间的协同合作，力求通过有效的前期筹划创造综合价值增量。此外，在前期统筹时，就将运营、施工知识结构与关联信息前置，在设计阶段就考虑运营问题，以结果为导向，运营思维贯穿项目全过程可带来可持续的生命周期。

2. 效果控制，实现重要节点的独特实施效果

首先，在城市更新中，由于项目现状的复杂性，一般性的前期调研很难全面了解项目的真实状况，建筑师负责制及设计机构牵头协调的设计施工的一体化，可以最大程度避免更新项目中的勘察文件、实际状况和技术手段之间的错位带来不确定性，满足动态设计与施工的互动协同发展。其次，成熟、独特的设计建造技术前置，有利于在项目前期就确保实现重要节点的最终实施效果，大幅提高还原度和节点的视觉形态创新度。

3. 可实施性，确保设计实施的高还原度

通过设计与施工总包及分包单位的紧密合作，可以在施工前对设计效果进行详细沟通，保证所有参与方对项目的目标有统一的理解和认识。这样不仅可以减少施工中的错误和返工，还可以通过预见潜在问题来减少不必要的成本开支，确保项目设计实施落地后的还原度，包括设计精确性、施工效率。

4. 成本控制，最大程度减少财政性资金压力

通过整合工程设计、采购、施工和运营的各个环节，能够在项目实施中最大限度地减少投资压力。这种模式特别强调在项目前期阶段就进行综合性的成本控制规划，比如在前期项目策划中，建筑师可以着重关注未来功能业态和运营方式，合理规划业态的公益性、半经营性、经营性的比例，兼顾满足市民生活需求，有效提升项目的活跃度，以确保长期的经济效益，促进项目可持续经营。

5. 进度控制，多维度协同推进

整合项目的各个阶段和参与主体、多维度协同推进项目，能够有效控制项目进度、保证项目质量。在设计协同方面，力求各个专业之间高效配合，如统一设计标准管理，建筑、景观、室内设计、智能化等各个专业通过统一的设计标准管理进行协同。设计可以依据施工组织计划，分批分次提供图纸；在施工时出现问题时，设计团队可以现场进行合理变更和设计。建筑师还可利用 BIM 技术监测施工质量，控制施工进度。通过模型的可视化，施工团队可以更好地理解设计意图，提前规划工程流程，减少施工现场的问题和延误。

6. 运维衔接，减少工作反复

运维团队提前介入，拟定清晰的运维目标，梳理运维的空间要求、配置要求，可以让一次设计和二次设计无缝衔接，优化成本分布，极大地减少交付后的整改和无效空间。设计机构还可利用 BIM 技术进行建筑信息的可持续利用。一体化数字成果交付，使所有设计和施工阶段的信息都被集成到数字模型中，为运维团队提供了一个综合、一体化的数字孪生。运维团队可以利用数字模型中的信息进行设备维护、空间管理、设备更换等，延长建筑的使用寿命，提高运营效率。

城市更新是城市发展永恒的主题。我们要顺应价值规律，在完备的价值体系中，坚持更新中“跨区域、跨类型、跨周期”的综合价值平衡；同时，坚持系统化推进，以全生命周期视角，继续探索从项目前期到实施的城市更新工作方法与流程；践行全过程人民民主，充分调动社会专业力量参与城市更新的积极性，力争形成政府引导、市场运作、公众参与的城市更新格局。

（注：城市更新方法与流程相关内容得到了詹运洲博士的指导）

本文作者
邓刚 上海水石建筑规划设计股份有限公司董事长

上海市重点类型城市更新的可持续实施模式研究

杨明 寇志荣

城市更新的可持续实施模式的建构是实现中国高质量发展、高品质生活、高效能治理的重要抓手，不仅涉及更新流程的全面贯通，而且有关更新资本的多元平衡，同时要求更新制度的综合覆盖，最终回归到对当下人类需求的终极关怀和代际需求的公平满足。可见，可持续实施模式的回答既具有战略高度的要求又包括落地实施的特点。因此，本文始于上海自 2015 年以来代表性实践的深度解析，通过提炼总结，尝试回答上海市城市更新重点类型的可持续实施模式的关键特征和发展趋势（图 1）。

一、城市更新的可持续实施模式解读

“建立政府引导、市场运作、公共参与的可持续实施模式”早在 2022 年 11 月住建部发布的《实施城市更新行动可复制经验做法清单（第一批）》中已经提出，文件进一步将其归纳为如下方面，包括：建立存量资源统筹协调机制；通过长效运营收入平衡改造投入；构建多元化资金保障机制；建立多元主体协同参与机制。2024 年上海开年举办的城市更新推进大会也提出了建立更有效、更经济、更可持续的城市更新机制。此外，学术界也对城市更新可持续概念进行过解读，共识在于应综合考虑全维度的可持续性，如市场可持续性的关键标志在于市场主体具备对城市更新项目的主动参与意愿和动力，社会可持续性体现在更新进程中新旧社群能够和谐共存，实现有机更新与更替。

可见，城市更新的可持续实施模式需要综合分析经济、社会、文化等多元方面，应全面满足政府、市场、公众的多元诉求，既具有战略高度的宏观要求又包括落地实施的现实特点。

二、城市更新重点类型实践模式解析

《上海市城市更新行动方案（2023—2025 年）》明确提出，上海将分层、分类、分区域、系统化开展城市更新六大行动，包括综合区域整体焕新行动、人居环境品质提升行动、公共空间设施优化行动、历史风貌魅力重塑行动、产业园区提质增效行动、商业商务活力再造行动。为了更聚焦，本文选取了旧区改造类、城中村类、产业类（聚焦工业类）和保护类作为重点类型进行实践模式解析，主要总结其在组织管理、产权归集、资金平衡等方面的可持续性特征（图 2）。

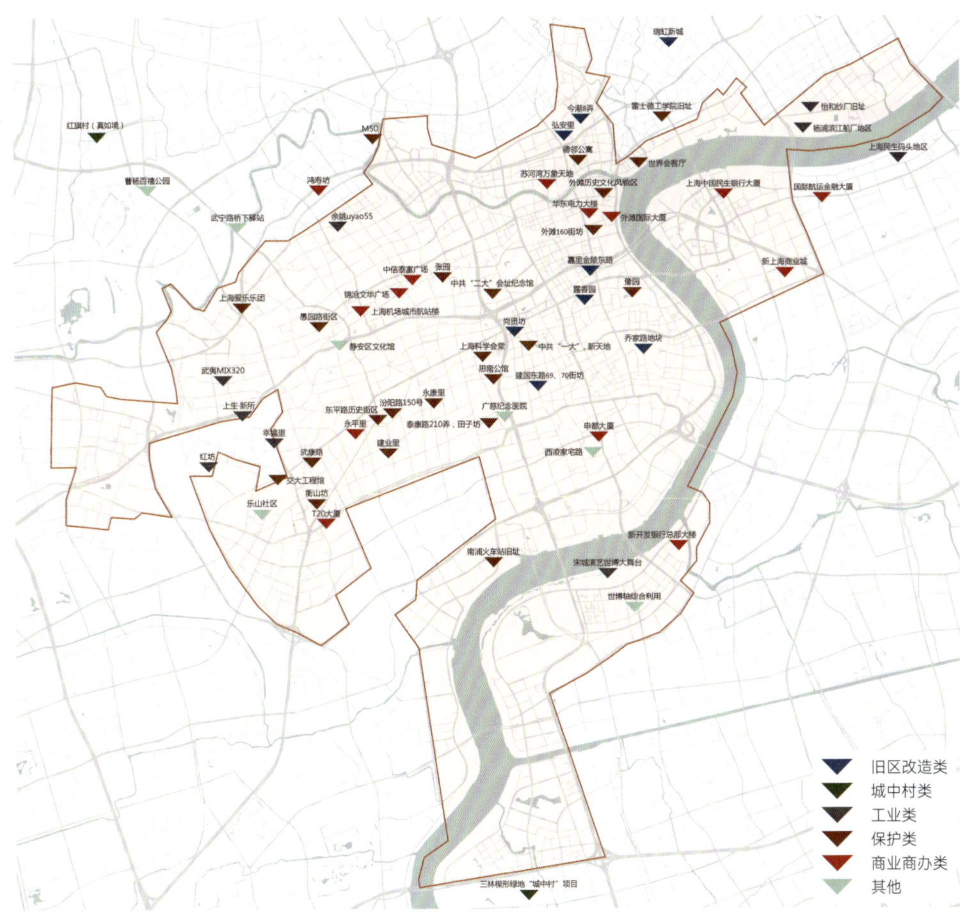

图1 上海市代表性城市更新实践分布图

图2 重点研究类型简析

居住类-旧区改造

主要特征

- 多位于上海中心城区，是提高市民居住生活质量、改善城区环境的重要途径（公益性）
- 2022年7月，成片旧改全面收官
- 零星旧改作为“两旧一村”之一，成为上海下阶段更新重点，截至2022年底，中心城区剩余零星二级旧里以下房屋约38万平方米

主要难点

- 前期房屋征收成本高、周期长，政府财政或企业资金压力较大
- 部分零星旧改项目因其面积小，分布零散，商业开发价值较低，难吸引市场主体

产业类

主要特征

- 是位于规划集中建设区内的国有存量工业用地上的项目
- 主要包含“104区块”和“195区域”两种类型，104区块主要进行产业升级，重点发展高新产业，195区域主要通过城市更新完善城市公共服务功能，重点发展服务业

主要难点

- 区域整体转型土地收储成本高、周期长，区域内各主体转型意愿不一致，与各主体沟通协商难度大
- 上海存量工业用地再开发过程中，存在用地发展权配置与不完全更新现象，较难统筹政府与权利主体间的效益平衡

居住类-城中村

主要特征

- 被城镇建成区包围或基本包围的自然村，已经被列入上海市民心工程
- 项目认定要求集体建设用地占比51%以上
- 自2014年以来，上海共批准两批共62个“城中村”改造项目，市委、市政府明确到2032年底全面完成改造项目

主要难点

- 前期土地及房屋征收成本高、周期长、不确定因素多，整体实施难度大
- 项目体量较大，资金投入较大，土地指标需要更合理的考虑与配置
- 项目盈利空间、盈利预期存在不确定性，对市场主体吸引力有限

保护类

主要特征

- 位于上海划定的历史风貌区、保护街坊、保护道路沿线，或大部分具有风貌保护要求的建筑及区域
- 该特殊类型可能与其他类型重叠，但本研究认为一个项目若位于风貌保护区域内或大部分建筑具有保护保留要求，即优先归为此类

主要难点

- 具有严格的保护保留要求，更新保护成本极高，同时可供增量开发的空间资源有限，难以在项目内实现平衡
- 涉及城市风貌保护与延续，对于统筹主体或实施主体的开发建设能力和综合协同能力要求较高

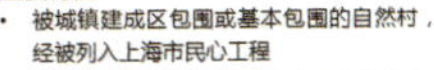

1. 旧区改造类：“政企合作、市区联手”为支撑，探索多元资金平衡模式

上海旧区改造类项目现行的产权归集与土地供应模式主要包括“土地储备”和“政企合作、市区联手、以区为主”两种。

相比较传统的土地收储模式，后者的组织模式为“政府引导，市区国企主导，市场公平参与竞争”。市级或区级国有企业通常作为统筹主体，全过程组织、协调、监管项目的最终落实。在上海，该模式主要由以地产集团为代表的市属功能性国企联合各区属国企成立更新平台公司，作为统筹主体负责筹集征收补偿资金，通过协议出让等方式获取土地后，自行开发或以股权转让的方式引入市场主体，继而合作开发。实践中的具体执行模式也各有特征，例如露香园等是由国企平台实施征收后自行开发；乔家路 A 地块、弘安里、福佑路等更新项目是由国企平台归集产权后，通过股权转让等方式吸引市场主体参与更新；也有项目启动时即由市场主体与国企平台成立联合公司，共同承担旧改征收成本。

资金平衡方面，基于上海市旧改成本倒挂等问题，上海正在不断探索多措并举以推动资金平衡。模式一，通过土地开发权获取方式和规划产品配置实现资金平衡，如不同阶段捆绑资源地块；规划配置住宅等经营性产品。模式二，利用多样的金融产品和财政支持实现资金平衡，如公房残值补偿费减免、市政设施免收前期成本、土地出让金返还、提供动迁安置房等优惠政策。模式三，通过多样的安置方式缓解前期投入的资金压力，如在最新推行的更新试点项目中，上海市依据“价值等同、自愿申请”的原则，提供置换腾退、货币化安置；异地实物安置，提供市、区属征收安置房；回购、回租原地建设住房等，分担更新投资。

旧区改造类由市区更新平台公司以市场化方式融资，可相对有效拓宽资金来源，减少政府财政压力，同时可通过协议出让等方式，形成相对稳定的土地供应路径，并可通过场所联动等遴选优质市场主体，具有一定的可持续性。

2. 城中村更新类：以“村企合作”为主导，探索运营前置的精细化更新模式

类同旧区改造，城中村的产权归集与土地供应模式也分两种，即“土地储备”和“村企合作”。后者是指农村集体经济组织（下简称“村集体”）引入优质市场主体进行更新实践推进，具体方式为：由村集体成立资产管理公司，负责集体所有的土地、山林、水系等资源的保护、管理和开发利用。比选确定合作的市场主体后，联合成立项目公司，负责更新实施。项目公司与政府签订协议，政府组织土地收储，项目公司负责筹集征收补偿资金、通过定向挂牌或协议出让等方式获得土地开发权、通过“招商运营前置”保证建设和运营品质。

资金平衡方面，主要依托的模式有两种。模式一，通过“经营性产品销售 + 自持运营资产升值”双向推进落实资金中长期平衡。模式二，规划土地弹性管理支撑用地性质灵活转换与融合。例如上海推出的 G0 用地，确保绿地主导功能的基础上，允许混合设置文化、体育、休闲等公服设施。用地性质根据需求适度转化，利于场所活力塑造和资产综合价值提升。

城中村类的突出代表为上海蟠龙天地（见表 1），其可持续性的重要启示在于：区政府、镇政府与市场主体的良性合作模式；政府企业共同研究涉及资金平衡、创新设计的更新方案；运营前置、逐层落实的精细化操盘与技术模式。

3. 工业更新类：区域整体转型与零星工业更新并行，探索组合方式推进更新落实

目前，上海的工业类更新主要分为区域整体转型和零星更新。区域整体转型多需要由政府与权利主体通过市场化协商的方式，通过收购进行土地储备。上海创新运用了“市、区联合储备”的实施路径，由市、区共同投资进行整体收储和综合开发，其中较为典型的案例如杨浦滨江南段区域整体转型。零星更新通常采用非正式更新（保持原土地用途和土地权利类型）和存量补地价的方式实施更新。

资金平衡方面，上海鼓励社会资本参与工业更新，以“土地换股权”、“多产权主体整合”等措施，出让原主体部分产权或经营权的方式，引入企业、个人或机构投资者，为项目启动提供资金支持。与此同时，在国家宏观政策支持下，产业园 REITs 陆续发布，以资产证券化的方式，推动工业类更新资金平衡。

4. 风貌保护类：精细化开展产权归集，增设主体遴选，保障高品质落地

根据对保护类项目的梳理，除原权利人自主更新外，产权归集和土地开发权获取的方式主要包括土地储备、市场化协商、征收加置换等模式。土地储备主要针对被列入旧改范围内的保护类项目，通常采用政府征收的方式归集产权，并针对被列入“风貌保护项目”的进行实施主体遴选后以定向挂牌、协议出让的方式供应土地。市场化协商即市场主体与原产权主体沟通协商，通过市场化方式进行产权交易，包括股权转让、房产置换、货币交易等形式。征收加置换是指针对市场化协商难以解决的保护区域，在置换的基础上通过政府征收进行最终托底，组合的产权归集方式确保项目高效推进。

资金平衡方面，保护类更新目前主要的模式有三种，一是对保护建筑进行适应性再利用，获取租金盈利；二是布局低密风貌别墅等产品获得可售货值，实现投入产出平衡；三是争取金融政策支持，如通过“资本金 + 银团贷款”等方式满足前期融资需求，通过租税联动等方式缓解运营期投入，争取利用各类缴税费用减免或返还政策，平衡总体资金投入。

表1 上海蟠龙天地更新历程

第一阶段 项目筹备阶段	第二阶段 项目方案认定及规划调整阶段	第三阶段 开发建设与持有运营
1、接洽市场主体（主体：青浦区政府、徐泾镇政府） 2013年，应蟠龙镇当地百姓的改造呼吁，区镇两级政府高度关注，积极接洽市场主体。 **2、纳入“城中村”改造项目库（主体：上海市政府及建设管理委等十一部门）** 2014年，上海市人民政府批转市建设管理委等十一部门《关于本市开展“城中村”地块改造的实施意见》的通知，启动“城中村”改造，批准并确认改造方案的48个项目（包括蟠龙村在内）。 **3、组织总体规划方案的公开征集（主体：青浦区政府）** 2014年，公开征集总体规划方案。经过多轮沟通和遴选，结合总体规划方案评选，初步确立意向的项目实施主体。 **4、项目现状评估（主体：青浦区政府）** 2015年初，上海青浦区启动了对蟠龙古镇及周边地区的评估研究；2015年底编制完成《蟠龙古镇及周边地区评估报告》。	**1、正式签署“城中村”改造合作协议，成立项目公司（主体：青浦区政府、徐泾镇政府、市场主体）** 2017年，正式签署“城中村”改造合作协议，由徐泾资产公司、瑞安公司和西虹桥公司共同出资成立上海蟠龙天地有限公司。启动拆迁与安置工作。 **2、编制更新方案，上报审批（主体：上海蟠龙天地有限公司）** 2017年，项目公司依据概念方案做细致落地的深化方案设计。进行规划评估、论证，编制规划调整方案，履行控制性详细规划调整审批程序，上报审批。2018年规划正式批复。 **3、项目实施方案确认（主体：市城中村改造工作领导小组）** 2018年，关于《上海市住房和城乡建设管理委员会关于确认青浦区徐泾镇蟠龙城中村改造项目实施方案的函》予以确认，即青浦区徐泾镇蟠龙城中村地块改造，采取农村集体经济组织改造，并引入合作单位共同改造开发。 **4、确认实施模式与实施主体（主体：徐泾镇政府、集体资产委员会）** 召开镇集资委成员会议并形成《同意合作改造情况说明》，决定采取“村企合作”模式共同实施“城中村”改造，实施主体最终确立。	1、2019年10月，签订第一批土地（均为住宅地块）出让合同。 2、2019年12月，完成动迁工作，第一批土地出让金兑回。 3、2020年5月19日、21日，签订第二、三批土地（商办+住宅）出让合同。 4、基础配套设施建设：2020年12月，由项目公司负责配建的5条市政道路全部竣工，3万平方米河道整治和生态修复完成。 5、2020年12月底，启动一期安置房蟠龙馨怡家苑建设。 6、2021年9月，蟠龙天地二期蟠龙云庭（住宅）入市。 7、2022年1月，蟠龙天地三期蟠龙景园（住宅）入市。 8、2022年5月，绿地及商业部分入市。

图3 上海外滩历史文化风貌区的“第二立面”代表实践分布

上海外滩历史文化风貌区的“第二立面”区域内的点、线、面类的更新实践（图3），其可持续性突出的表现为如下两个方面，一是机制层面：市区联手、政企合作，设立权责清晰的统筹主体协同的架构模式；细化政策措施，强化统筹推进，进行政策赋能；多元金融工具，长效运营平衡的资金策略；“三师联创”的项目推进机制。二是技术层面：坚持规划引领，助力区域统筹的一张总图模式；形成更新指引，强化分类施策的一套标准支撑。

三、城市更新的可持续实施模式迭代策略

1. 构建全生命周期的更新方案统筹机制

基于“探索运营前置和全流程一体化推进模式”的可持续实施理念，上海正在推行“三师”或“多师”负责制，以此机制搭建基础统筹技术平台，明确全周期、全要素的技术体系要点，具体来看：

一是落实“三师”甚至“多师”负责制，形成“一案一书”。依托责任规划师（简称责规）、责任建筑师（简称责建）、责任评估师（简称责评）并联的更新实施统筹机制，发挥责规对于区域总体谋划、规划指标调整、各方方案协调的统筹作用；发挥责建对于建筑深化设计、关键技术应用、审批流程优化的主导作用；发挥责评对于资源配置方式、资金平衡测算、资产操作模式的支撑作用。通过三者的前期充分沟通、彼此启发，不断优化方案细节和指标，最终形成“能走通、可平衡、可持续”的更新方案，包括综合评估、城市设计、土地利用、实施计划、成本收益估算、资金筹措等方面的综合研究。同时形成一份更新项目任务书：对规划设计、建设实施、招商运营等提出要求，作为后续一系列深化设计工作开展的主要依据和纲领性文件。

二是精细化设计实施技术管控，形成“一图一表”。对各专业团队的阶段工作成果进行设计复核，对不符合总体要求之处或实施过程中发现的不合理之处进行及时反馈调整。根据项目方案持续深化，形成一张全要素、全专业、动态优化的更新实施总图，作为协调各环节工作的基础技术平台。综合考虑后续施工、采购等问题，确定项目各环节进度计划，

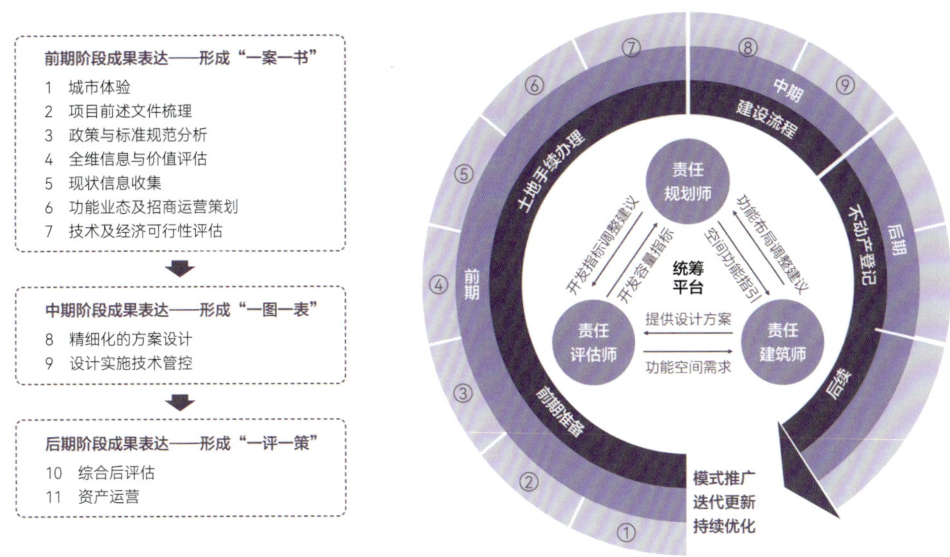

全生命周期的更新方案统筹机制

并根据各类突发问题进行动态调整，形成一张项目实施总体进度表。

三是常态化开展更新方案后评估，形成“一评一策”。依据容积率、使用效率、能源效率等量化指标，评估区域及建筑在容量、适用性、经济性等方面的状况。叠加项目在文化、社会、心理与建成环境相关的各类因素的评估，推动项目以人为本，维持可持续发展，分阶段形成后评估报告，作为后续迭代的支撑。同步对项目难点、创新点和实施模式梳理总结，形成可参考、可借鉴的一份更新推广策略，为同类项目提供参考。

2. 创新多样化的产权归集与土地获取模式

完善既有实施路径，在政府引导、统筹主体落实下，继续创新产权归集与土地获取方式，针对不同更新项目类型进行多样化组合方式推动实施。

一是增强既有实施路径与不同类型项目的匹配度。发挥传统的土地储备路径可有效统筹调配土地资源的优势，优先运用于城市重点区域重点项目或公益性项目。加快完善“市区联手、政企合作、以区为主”的流程规范和路径指引等实施细则，充分发挥其在引入市场主体、拓宽资金渠道方面的优势，优先运用于开发运营难度大、前期投入较大的更新项目。优化存量补地价及土地非正式转型的配套政策，明确实施路径与后续监管细则，引导市场主导的自主更新。

二是进一步完善形成多样化路径组合。面对极度复杂的区域更新项目，审慎谋划更新方案，重点保证综合经济平衡、区域更新规划设计一体化，弱化全面产权归集的必要性，通过归集更新、自主更新、租赁更新、微更新等多样模式组合，缓解资金压力的同时达成高品质效果。

3. 探索“投资－改造－运营”路径下的资金平衡新模式

转变“拿地－开发－销售”的传统地产路径为“投资－改造－运营”的新路径，通过资本的运作来打通链条中的各环节，借助特定的政策设计、特定的融资方式和特定的资本平台，满足各环节的资金需求和收益诉求，助力城市更新资金平衡。

一是完善存量资源统筹协调的实施路径。建立存量资源的常态评估机制，对包括土地、建筑、设施、环境等方面的存量资源进行全面评估，明确其数量、质量、分布、产权及利用现状。政府及企业从两端建立有效的评估机制，上下对接，共同就更新项目提供有效的更新方案支撑。

二是深入探索多元化资金保障机制。目前在多措并举的吸引社会资本、探索经济高效的公私合营模式和创新融资方式、利用互联网金融和股权众筹等新型融资平台等方面，从国家到地方都在广量的进行深度探索和尝试，未来应持续沉淀可分类应用的资金保障模式，根据项目自身特征匹配有效的资金闭环路径，充分激发市场活力。

三是“因项施策”，针对性优化各类项目的资金平衡举措。针对旧区改造类项目，推进安置方式多样化，推广土地资源平衡库，规范资源地块捆绑开发等具体策略；针对城中村类项目，鼓励规划用地弹性利用，促进综合土地价值提升，采取权属配比的弹性调整等措施；针对产业类项目，可采取市、区两级财政统筹，加大土地换股权的模式应用，以及鼓励符合条件的产业园更新项目发行 REITS；针对保护类更新项目，践行综合最优的遴选原则，鼓励保护建筑的再利用，预留开发产品的弹性空间等。通过资金来源多样化、资金使用高效化、资源配置合理化、操作流程化等，推动上海各类城市更新项目的资金实现阶段平衡。

4. 释放精细化的城市更新配套政策与审批路径

推动“放管服”改革工作，全链条优化审批流程，降低制度性交易成本，营造市场化营商环境，实现高效能治理。

一是前期资金筹集阶段，优化配套金融政策和管控限制，采用“前放后管”的方式解决前期资金问题。适度采用“放水养鱼”、“前放后管”的管控原则，即放宽准入门槛，通过加强对项目后续运营的公益性、合规性的监管把控更新品质，减轻项目前期资金压力。另外，适度减少更新项目土地交易过程中的税费（根据初步统计，各种税费减免可节省约 20% 的更新成本），增强土地权利主体的更新积极性。

二是方案深化设计和施工阶段，制定适配城市更新中的不同既有情况的标准规范，建立固化的论证与审批流程。针对不同既有建筑，形成有针对性的更新改造标准规范。基于以往各类项目经验样本，逐步固化形成过渡性的审批流程，依托各领域专家论证，指导实施主体编制项目论证报告，作为各审批部门均认可的政府背书，作为竣工验收时的审批依据。

三是针对项目审批流程全周期，完善更新政策精细化程度，推动各管理条线一体化，精准匹配城市更新发展需求。基于城市更新实施过程中的各类现实问题，进一步精细化完善配套政策，提升政策管控的覆盖范围，提高政策精准性和可落地性。推动各管理条线一体化管理，提升各类行政审批效率，推动更新项目审批“一站式”协同高效办理。

总体来看，城市更新的探索还在路上，涉及更新流程的全面贯通、触及更新资本的多元平衡、要求更新制度的综合覆盖，最终回归到对当下人类需求的终极关怀和代际需求的公平满足的可持续实施模式，未来将不断通过各种类型的实践落实得到验证，通过归类总结，该模式将愈趋完善和系统，也将为我国新时期的高质量发展、高品质生活、高效能治理奠定基础。

（注：本文章源于上海市人民政府决策咨询研究项目《上海城市更新的类型划分及实施模式研究》，课题号：2023-Z-W03，感谢课题组张铠斌、耿嘉懿的基础研究支持。）

本文作者

杨　明 华东建筑设计研究院有限公司首席总建筑师

寇志荣 华东建筑设计研究院有限公司城市更新咨询研究所所长

参考文献

【1】赵燕菁,邱爽,沈洁,等.城市用地的财务属性——从用地平衡表到资产负债表[J].城市规划,2023,47(03):4-14+55.

【2】洪田芬. 城市更新“帕累托改进”的阶段逻辑与价值创新[J]. 城市发展研究, 2020, 27(08):74-80.

【3】秦虹, 苏鑫. 城市更新[M]. 北京: 中信出版社, 2018: 20.

【4】杨华凯.上海旧区改造项目资金平衡的对策[J].科学发展,2020(05):104-108.

【5】袁青, 韩春燕, 张莹琳, 等. 城市更新法律实务指引 基于上海城市更新的探索与实践[M]. 北京: 法律出版社, 2022: 176-181.

【6】黄婷婷.上海市“城中村”改造项目中的资金平衡问题及建议[J].上海房地, 2021,(02):34-36.

【7】徐文舸.城市更新投融资的国际经验与启示[J].中国经贸导刊,2020,(22):65-68.

【8】陈晟.城市更新评价体系和政策实践[J].中国房地产,2021,(26):24-26.

【9】刘迪.可持续城市更新的模式研究与政策建议——基于市场理性和社会理性的分析[J].城乡规划,2023,(06):19-28.

【10】王林.基于城市更新行动的城市更新类型体系研究与策略思考——以上海市为例[J].上海城市规划,2023,(04):8-14.

· 世界会客厅——历史与现代共生的新地标

· 杨浦滨江公共空间——从“工业锈带”到“生活秀带”

· 苏州河滨水空间——历史传承，文化休闲，自然生态的重塑

· 老市府大楼——保护融合创新

· 世博文化公园——文化融合，生态永续

· 蟠龙天地——水乡风雅，时代风尚

标志上海

LANDMARK

世界会客厅
——历史与现代共生的新地标

地点：上海市虹口区

东南侧鸟瞰

***项目特征：**世界会客厅选址黄浦江、苏州河与虹口港自然围合出的独立岸线，位于黄浦区外滩历史风貌保护区内，拥有欣赏上海浦江两岸几乎所有著名地标的绝佳视野。项目总体定位具有国家与城市双层意义，兼具城市实力展示与城市活力激活的双重目标，功能配置同时满足高级别会议举办及日常活动运营需求。项目的设计，不仅具有结合基地所在独有环境的视角，也充分考虑所在地深厚的历史文化，实现岸线慢行贯通，打造滨江公共空间，推动北外滩区域城市更新，呈现过去、现在和未来之间的巧妙融合。项目的建设，不仅考虑到主体建筑群的保护、更新与营造，更是整合地块所在的周边建筑，利用多样空间综合谋划，布局各项综合、辅助功能，以点带面形成统领全局的核心，协调周边历史建筑的比例及尺度，使周边建筑与项目相互呼应、和谐统一，以此衬托出庄重的国家形象，最终将整个区域建设成为不逊于任何国际、国内会议举办地的高水准滨水会客厅。*

北外滩作为经典外滩区域的延伸部分，拥有丰富的文化资源和深厚的历史积淀。历史上的北外滩，曾是近代各国领事馆的聚集区，上海的“东交民巷”。它见证了上海近现代，尤其是改革开放四十多年来的变迁；见证了改革开放后党和国家领导人视察上海、关心浦江两岸建设开发的历史；同时，它也是我国海军军事外交的重要场所。世界会客厅项目以黄浦江贯通工程为契机，于黄浦江、苏州河与虹口港自然围合之处，实现扬子江码头的慢行贯通和亲水性公共活动空间，同时推进北外滩区域城市更新，打造“具有全球影响力的世界级滨水区”，形成黄浦江畔新的城市地标。

世界会客厅项目既传承了区域的文脉底蕴，也体现了很高的技术含量，尽收浦江两岸开阔景致，更是创造了又一个世界之最。始建于 120 年前的两座建筑借助于高科技的信息采集和精准测绘，实现了建筑、结构、机电和工艺的完美结合，在恢复传统风貌的同时满足了内部高大功能空间的现代使用需求；设计中强调引入外部景观，并充分营造各功能场所的恢弘大气和时代特征，而老建筑遗存构件元素的设置则成为公共空间的点睛之笔；红色花岗石和绿色琉璃屏等新型材料在内外墙面的创造性运用，使建筑更加彰显了过去与今天的有机融合，在国内外新近建造的一批国际会场建筑中独树一帜。世界会客厅项目的建设，不仅考虑到主体建筑群的保护、更新与营造，更是整合地块所在的周边建筑，利用多样空间综合谋划，布局各项综合、辅助功能，以点带面形成统领全局的核心，有效带动了北外滩区域经济、社会迅速发展。

本项目对标国际最高标准、最好水平，按期完成了设计工作。建设单位、施工单位与监理单位一起承担的上海市科委科技攻关项目“城市核心区一体化有机更新关键技术研究与示范”，于 2024 年 1 月 30 日顺利通过市科委组织的课题验收。在工程创新和科技成果应用方面，创新的主体积极应用科技成果，助推工程建设提档升级。最终展现在人们眼前的世界会客厅，历史设计元素和原材料整体利用率达到 80%，延续了北外滩老建筑文化遗产的历史感和场所信息，与苏州河对岸的外滩万国建筑群保持协调的风格。当人们漫步在北外滩扬子江码头，映入眼帘的就是上海历史建筑群落与城市天际线新旧交织的独特风貌，起伏绵延的建筑轮廓与“一江一河”水波展现出上海这座城市深厚的历史底蕴与澎湃昂扬的新生力量。

立体岸线，滨江贯通

项目以黄浦江贯通工程为契机，“还江于民”，实现了扬子江码头亲水公共活动空间的慢行贯通，形成了黄浦江沿岸新的城市地标。考虑到建筑与外部公共空间在景观、功能等方面的统筹、协调关系，总体方案是采用 9 米标高的滨江礼宾平台，结合 5 米标高的公众贯通平台，以双层平台结合多维高度的滨水空间，满足国际峰会工程的需求，同时也考虑到建筑群未来的可持续发展以及“一江一河”的利民、惠民工程。通过改造阻碍城市亲水的箱型防汛墙，创造了贯通滨江的 5 米标高亲水平台。作为向市民开放的滨江贯通工程，两层平台满足浦江贯通和重大活动互不干扰。随着江河交汇处的慢行贯通的实现，北外滩滨江的全线贯通，为区域进一步注入了充沛活力。

新老融合，延续风貌

以区域城市更新为目标，通过对历史遗存建筑的一体化保护、更新与再利用，使得新建建筑与历史建筑有机相融、一气呵成，并与外滩及周边建筑交相辉映，庄重协调，新老共生。同时，深度参与功能策划，开展建筑评估甄别。尽可能维持原有建筑的轮廓、体量、立面细节等历史风貌，不仅需要传承原有建筑的历史文脉，更需要考虑未来使用时所必备的融合新老建筑的有机更新设计。按照功能需求，增加了主宴会厅和多功能厅。更新方案将历史建筑的外砖墙在平台上再抬升一层，满足新功能的同时延续历史风貌。此外，项目对历史建筑功能进行升级改造，充分利用历史建筑资源，延续北外滩历史风貌和场所信息，在特定的历史建筑内创造一个既能满足政商活动的现代功能需求，又能延续传统历史文脉的室内空间，实现历史元素与现代空间的艺术的融合，新老共存。

多元更新，复合功能

本项目主要功能空间的尺度，对标国内近几年举办过的各种重大的国际会议和活动的需求，按最高标准、最严要求进行设计和建造。考虑到建筑与外部公共空间在景观、功能等方面的统筹协调关系，项目中采用双首层的总体设想，并关注多维高程滨

东立面

室内

水空间的综合利用，总体交通流线兼顾安全性、礼仪性与便捷性，并兼顾与会各方的使用需求。1 号楼具备国际会议功能，主要设有迎宾、会见和峰会场所。2 号楼具备大型会议功能，主要设有主论坛会场、大宴会厅以及媒体中心。3 号楼具备公共文化功能，主要设有国际会议配套的多功能厅和展厅，可以进行小型演出。三栋楼之间以连廊相连，形成会议中心的整体空间。通过立体叠加、建筑改造，将国际会议标准的空间设置于有限的基地内，形成功能高度复合的滨水会客厅。拆除 3 号楼东侧的建筑，形成场地东部的城市花园和商务文化活动花园。

创新探索，技术研究

首先，针对工程过程中历史建筑物历史风貌的保护需求，基于最小干预、可逆性等保护理念，开展历史建筑元素保留、构件再生利用及风貌融合化设计，实现历史元素与现代空间的艺术融合，满足现行各类环保、节能、防火标准要求：分析清水砖的成分、烧制要求、砂浆配比等传统材料数据信息，探索上海近代建筑清水砖墙的建筑渊源与特点；剖析清水砖墙病害原因，提升清水砖墙防水、热工性能，形成清水砖墙风貌保护及修缮技术体系，满足当代使用的性能需求。其次，以新老建筑共生的设计理论、手法、技术研究为基础，探索大跨度玻璃幕墙在新老建筑共生中的应用；基于历史保护建筑的结构现状及抗震需求，研究顶升加层后历史建筑的砌体结构与下部加层框架结构组合形式下的结构抗震性能，采用减隔震系统，提升历史保护建筑的抗震性能及安全品质；开展机电设计高标准研究、应急保障技术研究、协同智慧管理机制研究，以及机电设施与历史风貌融合的设计研究，提升特殊环境建筑的绿色及舒适品质。第三，针对紧邻历史保护建筑物的新建建筑，开展深基坑变形控制技术研究，形成一系列控制基坑变形及对历史建筑影响的设计策略；发展历史建筑砌体结构锚杆静压桩托换加固技术，形成减小锚杆静压桩对历史建筑砌体结构受力与变形影响的技术对策；研发历史保护建筑变形补偿系统，实现新老建筑施工全工程中对历史保护建筑变形的实时控制。

■ 提资单位：华东建筑设计研究院有限公司

杨浦滨江公共空间
——从“工业锈带”到“生活秀带”

地点：上海市杨浦区

***项目特征：**杨浦滨江的城市更新之路，是一条融合历史与现代、注重生态保护与人文关怀的创新之路。本项目以重塑滨江地区城市形象、激活经济发展为目标，力求打造一条既传承工业文明，又展现现代都市风采的滨江景观带，通过拆除老旧建筑、修复生态环境、建设公共空间和文化设施等措施，实现区域功能的全面升级，在此过程中，注重挖掘和传承杨浦滨江的工业文化遗产，将其与现代城市生活相融合，打造出一系列独具特色的文化景点。同时，设计也关注民生改善，优化交通布局，完善配套设施，为市民提供更加便捷、舒适的生活环境。通过对老旧工业区的重新规划和功能置换，成功吸引了众多领军企业入驻，形成了新经济总部集聚的繁荣景象，不仅提高了该地区的土地利用效率，更带动了产业升级和公共服务水平的提升，使杨浦滨江成为城市经济新的增长极。*

回溯至 19 世纪末 20 世纪初，伴随着工业的迅猛发展，上海黄浦江畔的杨浦滨江地区逐渐成为工厂云集的繁华地带。沿江地带形成了宽窄不一、条带状分布的独立用地，这些特殊的城市肌理不仅记录了工业发展的历程，也在一定程度上将黄浦江与城市生活空间割裂开来，构筑了一道无形的“隔离墙”。随着城市产业结构的不断调整和优化，工厂逐渐迁出，这片滨江空间也迎来了转型发展的契机。2019 年，习近平总书记考察杨浦滨江公共空间杨树浦水厂滨江段并首次提出了人民城市理念，这既是对“一江一河”滨水区更新建设的最大肯定，也同时为杨浦滨江空间的更新发展指明了方向。

在杨浦滨江城市更新的过程中，如何平衡工业遗存的保护与再利用成为一大挑战。这些工业遗存不仅是城市历史的见证，也承载着独特的文化价值。此外，城市功能结构与运转模式的调整也是一项复杂而艰巨的任务。随着滨江空间的重新定位和开发，需要对其周边的城市功能进行重新规划和布局，以满足新时代城市生活的多样化需求。最后，如何实现滨水空间与城市区域的有机整合，打破过去相互隔离的状态，也是杨浦滨江城市更新过程中需要重点考虑的问题。

基于城区交融渗透的系统化空间营造

在此次项目中，公共空间的营造并非孤立存在，而是一项系统工程，需要全方位地构建三维空间秩序与多维管理逻辑。这不仅关乎城市物质空间的形态与质感，更与城市的可达性、交通连接度、区域通达度紧密相连。同时，它还承载着城市的历史文化元素和精神建构功能。

上海杨浦滨江公共空间南段的设计，正是从城市设计的整体控制出发，注重开放性与可达性，构建了“三带贯通、三道交织”的交通脉络体系。通过水上栈桥、架空通廊、码头建筑顶部穿越、景观连桥等多种因地制宜的方式，实现了三维贯通道路上的 6 个断点，梳理了城市外部道路与各区域内部道路的对接关系。这不仅形成了一条连续不断的 5.5 千米工业遗存博览带，还融入了漫步道、慢跑道和骑行道“三道”交织的活力带，为市民带来了结合地形、防汛墙等河岸设施和厂区特色植物的原生态景观体验。

在对原有 9 座工业厂房进行深入勘察和分析的基础上，拆除了原有的厂区围墙、没有保留价值的工厂建筑和违章搭建，营造出了开敞自由的空间。通过抬高局部地面、架设廊桥和设置二级防汛墙等方式，设计成功地处理了高出场地 2~4 米的防汛墙，打破了其原有的压迫感，实现了公共空间的贯通和生态治理。对每个区段空间都根据其独特的资源特征制定了相应的更新计划，深入挖掘地块的历史文脉，并植入了适合的城市功能，最终形成了 9 段各具特色的多层次公共空间。

基于场所记忆再生的历史文脉延续

在“场所精神”的理念指引下，设计提出了“锚固与游离”的设计哲学，它强调物质留存与诗意表达的和谐共生。“锚固”在于珍视场地上的每一份物质遗存，将其视为连接过去与现在、承载社会文化的纽带，使其在空间中焕发出场所的灵魂。而“游离”则是一种更加细腻的处理方式，新元素的介入既要尊重原有环境，又要与之保持适度的距离，形成对比鲜明的并置关系，共同构筑一个连续而不断叠加的时空画卷。

对于上海杨浦滨江而言，那些锈迹斑斑的桩基锚点、货栈仓库等工业遗迹，不仅仅是岁月的印记，更是近代工业文明的见证。在杨浦滨江示范段的设计中，巧妙地将原渔市货运通道、防汛闸门、浮动限位桩、栓船桩和系缆墩等元素转化为场地的标识，让它们在新的语境中焕发出新的生机。甚至连那些因长年累月运货而显得斑驳粗糙的码头地面混凝土，也经过精心修复和处理，转化为可供人们漫步的地面。在现有场地的痕迹中深入挖掘，抽取、演绎文化意义，并以批判的视角进行重构，使场所精神得以延续和再现。

同时，拒绝将新老元素简单地融合于单一形式，而是从局部元素及其连接方式入手，顺应和接受自然生成的状态，营造出一种“熟悉的陌生感”。这种设计哲学不仅是对历史的尊重，更是对未来的期待，它让杨浦滨江在保留历史记忆的同时，也拥有了面向未来的无限可能。

基于空间共享与景观再造的基础设施复合利用

在当代中国，将基础设施融入公共空间、建筑和景观中，已成为共识。这不仅仅是为了提供更多的公共服务，更关乎如何更优质地服务于城市。这涉及土地的多重利用、服务的全线布局与更新，以及美学的再创造。更重要的是，这一实践深入关注城市的空间结构与状态，以及对功能的需求。设计

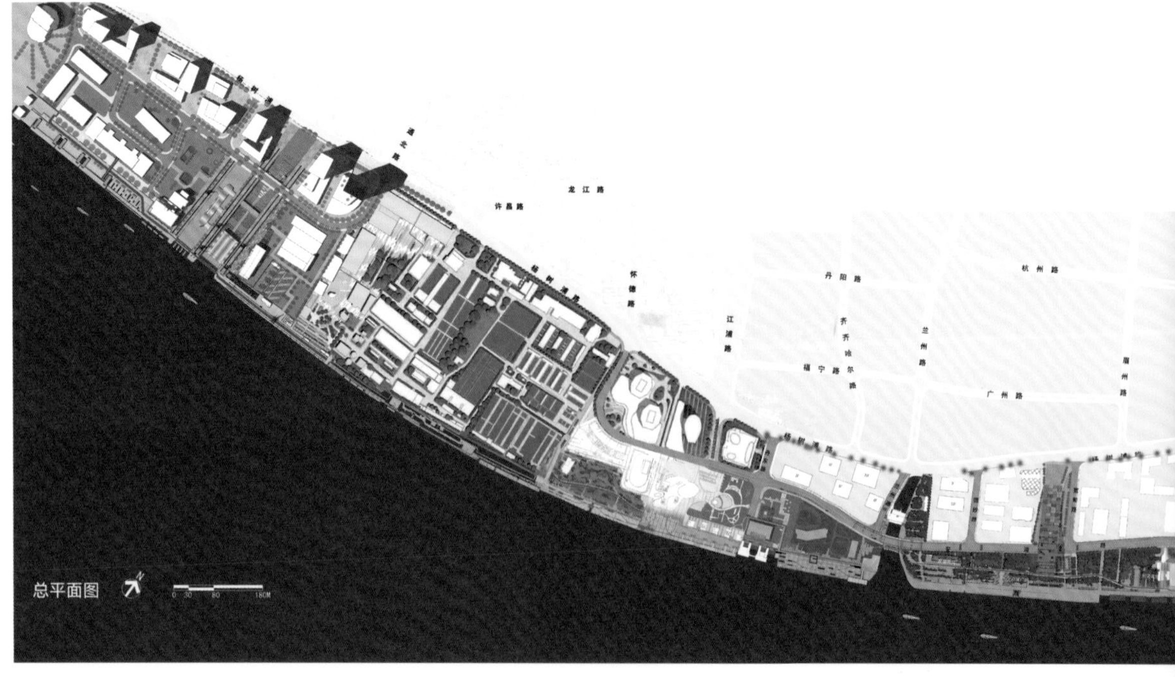

总平面图

尝试转变视角，将以往被视为“边界”“断裂”或“阻隔”的市政设施或道路，转变为“缝合”或“连通”的元素，以期改善和优化城市的公共空间体系。

杨浦滨江公共空间再生的案例中，基础设施复合具有多种可能性。水厂栈桥巧妙地利用防撞桩，将其转化为座椅和树池，与人们的活动紧密相连。绿之丘的建设则经过与城市规划部门和市政建设部门的深入协商，实现了既有建筑的创新改造，使其成为集市政基础设施、公共绿地和公共服务设施于一体的城市滨江综合体。宁国路轮渡站渡口的设计同样出彩，其屋顶与滨江步行桥相接，形成了一处开放的平台，而下方的虚透格构伞面则为行人提供了遮阳的空间，进一步完善了城市的公共空间节点。

基础设施的复合利用，不仅能在有限的土地条件下实现节约，更能塑造出独特的公共空间节点和标志性建筑。这不仅完善了公共空间网络，提升了城市的环境品质，更激发了市民的公共活动热情，优化了交通设施体系。这不仅仅是一种技术层面的探索，更是对城市未来发展的深入思考。

杨树浦水厂栈桥

杨浦滨江公共空间

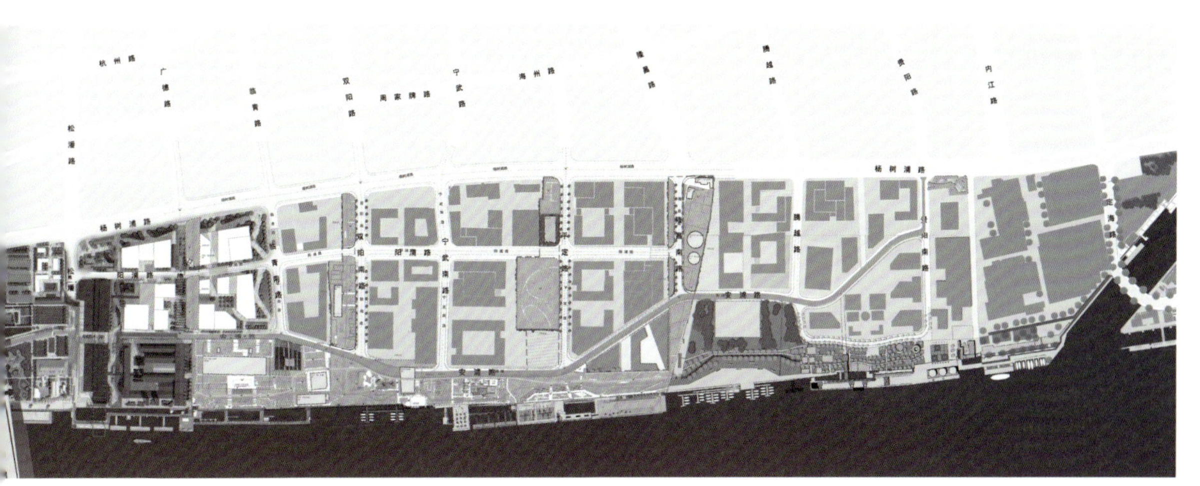

绿之丘——原烟草公司机修仓库改造项目

基于场地文脉与公共互动的场景节点构筑

城市滨水空间，沿着蜿蜒曲折的河流，铺展成一幅绵延数千米甚至数十千米的壮丽画卷。在工业时代，厂区划分清晰，无需过多考虑空间节点的设置。但随着后工业时代的来临，滨水空间与城市的融合愈发紧密，绵长的线性公共空间岸线亟需小尺度的空间节点来作为视觉的焦点和节奏的掌控者，以此凸显场所的秩序感。同时，为了构建更加立体和整体的公共空间，这些节点也显得尤为重要，它们完善了场地的空间关系，将一个个“小”生活场景巧妙地串联起来。因此，城市滨水空间的设计，并不仅仅关注于这些“小”节点本身，更重要的是通过它们来塑造场景，创造一种层层递进的序列感、一种延伸的关联性，以及一种通向更广阔自然的触媒效应。

杨浦滨江的“人人屋”“人人馆”系列，便巧妙地运用了“化大为小，再以小连缀为大”的设计哲学。它们从梳理场地原有的祥泰木行厂区信息开始，通过格栅化处理，逐渐细化到颗粒化的结构单元和钢木材料的节点，最终形成了体系承重的整体建构形态。这些被拆解的“小”，成为了场地的线索，构建了一个可分析、可阅读的系统。

小尺度建筑以其真切的材料、细腻的质感，甚至气味、声响、触觉等，将既有环境的多层次感受传递给人们。频繁的使用会在材料上留下人与物质之间长时间互动所展现的成熟质感。人们在这个过程中，成为了敏感而细腻的末端，通过触手可及的“小”、近在咫尺的“温度”，来建立关系网络，思考健康公共生活所需的基础，共同营造出一个富有回应性和包容性的空间体系。

基于场所特征的原生生态环境修复

2015 年中央城市工作会议确立了构建城市内外水系、绿地与河湖、森林、耕地相互连接的生态网络的战略目标，为城市滨水空间的发展指明了方向。城市滨水区，拥有得天独厚的水资源，即便历经工业洗礼，依然保留着珍贵的原生态微环境。

为了保护和恢复这片宝贵的生态空间，设计采用了低影响开发（LID）模式，提出了“有限介入、生境营造、水城共荣”的生态环境修复理念，致力于保护并传承原生的植物群落与水系。但建设生态城市，仅凭低影响开发是远远不够的，更需借助人工环境，助力自然资源形成自我循环体系。

水资源作为城市生活中最密切的生态系统，其自循环的实现是城市可持续发展的重要基石。杨浦滨江的建设正是这一理念的生动实践。整个公共空间以植被浅沟和可渗透铺装为主导，同时新建和改造的建筑也遵循绿色建筑的标准。原怡和纱厂大班住宅旁的低洼积水区，设计利用其自然地貌，打造了可以汇聚雨水的低洼湿地，并结合原有植物群落，设计了能够自然净化雨水的雨水花园。杨树浦电厂拆除储水、净水装置后留下的圆形基坑，与场地植被相结合，形成了能够净化雨水并使雨水自然下渗的生态景观水池。

绿之丘的设计更是巧妙，通过立面索网体系承接降水，将上层花园的雨水引导至地面进行下渗，不仅完成了水循环和水管理，还将屋顶、切削得当的退台以及从杨树浦路延伸至江岸的二层坡道，共同打造成为城市立体花园。这种设计，为市民提供了多样化的亲水空间，塑造了一个既安全又舒适的临水环境。

锚固于场所精神的公共艺术植入

通过艺术化的手法，将日常服务设施装点得别致精致，不仅为公共空间增添了美妙的细节，更在规模上显现出卓越的成效。在杨浦滨江的实践中，可以看到灯柱与栏杆的巧妙转化，以老工厂中错综复杂的管道为灵感，栏杆化身为“水管灯”，成为杨浦滨江的鲜明符号。而设计的复合花池座椅等城市家具，则巧妙借鉴了黄浦江上的沙舟与趸船元素，用锈蚀钢板呈现出轮式支撑的形态，取名为“工业之舟”。这不仅解决了浮码头无法种植高大乔木的问题，为市民提供了遮阳游憩的场所，更在无声中诉说着过去车水马龙的繁华景象。

在 2019 年的上海城市空间艺术季上，杨浦滨江南段 5.5 千米的公共空间成为一个宏大的展场。艺术家们纷纷走出室内，以这片富有历史韵味的土地为画布，创作了 20 件极具地方特色的公共艺术品。他们通过对空间特征的艺术化诠释，将历史记忆巧妙地融入当下的生活语境中。卸煤机塔吊和废弃货船在他们的巧手下焕发出新的生机，成为与城市对话的媒介。在这样的空间里，历史与现实交织交融，故事与互动相得益彰，场所精神因此变得更加鲜活生动。

综合效益与社会影响力

在城市更新的过程中，杨浦滨江始终坚持以人为本的发展理念，将人民城市为人民的宗旨贯穿于项目的每一个环节。通过改善居民的生活环境，提供多元化的公共服务设施，以及创造更多的就业机会等措施，使得这里成了老百姓宜业宜居的乐园。同时，作为示范效应显著的城市更新项目，杨浦滨江的成功经验对于推动其他类似区域的更新改造也具有积极的借鉴意义。此外，通过保护和再利用工业文化遗产，杨浦滨江不仅保留了城市的历史记忆，更使其重新融入城市的日常生活之中，实现了文化的传承与创新。

杨浦滨江的城市更新不仅为区域注入了新的活力，更在经济层面上实现了显著的跃升。通过对老旧工业区的重新规划和功能置换，成功吸引了众多科技创新和文化创意领域的领军企业入驻，进而打造了新经济总部集聚的繁荣景象。这一转变不仅提高了该地区的土地利用效率，更带动了产业升级和公共服务水平的提升，使杨浦滨江成为城市经济新的增长极。

在追求经济效益和社会效益的同时，杨浦滨江的城市更新也高度重视生态效益的提升。通过采用绿色低碳的建筑设计理念和技术手段，以及对生态环境进行修复和保护等措施，成功创建了市级公园城市和绿色低碳发展标杆区。这一成果不仅提高了该地区的生态环境质量，更为实现城市的可持续发展奠定了坚实的基础。如今，杨浦滨江已经成为市民亲近自然、享受绿色生活的理想去处，也展现了生态城市建设的美好愿景。

■ 提资单位：同济大学建筑设计研究院（集团）有限公司·都市建筑设计院·原作设计工作室

苏州河滨水空间
——历史传承，文化休闲，自然生态的重塑

地点：上海市黄浦区/虹口区/静安区/普陀区

北外滩北苏州路滨河空间贯通提升工程

***项目特征：**水是城市之脉，承载着城市的历史与今天。“一江一河”两岸是上海重要滨水岸线和公共空间，是体现城市发展能级和美好生活愿景的重要载体。有别于黄浦江两岸的开阔性和城市性，苏州河的尺度亲切宜人，两侧存有大量的历史人文点位，滨水空间的更新体现出水岸联动、多元开放、历史延续、文化交融的特点，这些特点在四行仓库修缮、苏河湾万象天地区域更新、黄浦区苏州河南岸提升工程、北外滩北苏州路滨河空间贯通提升工程等项目中都得到了充分体现，同时每个项目又呈现出各自的特色，共同构筑了苏河之旅的高品质画卷。*

苏州河是上海的母亲河，是上海城镇和近现代产业发展的依托，其沿岸的变迁是上海城市发展历程的缩影，也是展示城市文化和形象的重要标志空间。苏州河是吴淞江的下游段，吴淞江发源于东太湖的瓜泾口，自青浦区赵屯入上海，至外白渡桥入黄浦江。纵观历史，苏州河经历了从治污、疏浚，到中心城段沿岸贯通，再到两岸城市更新的不同发展阶段。1949 年以后，由于上海工业和人口的迅速发展，苏州河的污染成为关系环境、民生的重要问题。自 20 世纪 90 年代末，上海先后实施了三期苏州河环境综合整治工程。在苏州河环境综合整治取得显著成效的基础上，2018 年初启动了苏州河中心城段滨水贯通工作。目前，结合《上海市“一江一河”发展“十四五”规划》的建设要求，苏州河中心城段两侧合计约 42 千米的岸线已全线贯通，形成了滨水空间连贯、舒适、便捷的步行环境。与此同时，苏州河沿岸的城市更新也在同步推进，呈现为历史建筑活化利用、多元功能空间融合、沿河空间环境品质提升等多种类型，形成大量的示范案例并逐步显示出实践成效。

四行仓库修缮项目

四行仓库修缮项目是苏州河两岸历史建筑活化利用的代表性案例，其主体建筑由原四行仓库（光复路 21 号）及原大陆银行仓库（光复路 1 号）两座相连的仓库建筑组成。两座仓库均由通和洋行设计。四行仓库于 1985 年 9 月被公布为抗日战争纪念地，1994 年 2 月被列为第二批上海市优秀历史建筑，2014 年 4 月调整为上海市文物保护单位。上海市委宣传部要求“四行仓库抗战纪念地”的设计需“尊重历史，全面、完整、准确地再现当时战争情景”；上海市文物局提出了该文物建筑的具体保护要求，以郑时龄院士为首的专家组多次评审、指导，确定了西墙、南北墙、中央通廊（中庭空间）等重点保护部位的保护方案和具体做法。本项目设计执行我国、上海各项规定和国际通行的“真实性”“整体性”“可识别性”“可逆性”等原则。

西墙为战斗遗迹保留的核心区域。在修缮工程中，采用红外热成像、摄影测量、定位剥除墙内面粉刷等方法探查原炮弹洞口遗迹，查明洞口位置，全墙面保护修缮和展示战斗痕迹。修缮工程力求真

点位分布图

实还原历史，同时确保建筑安全、内部使用不受影响。其中，对西墙粉刷定位切割至打磨的程序设计、砖墙洞口加固与保护设计、受损梁板保护展示设计等是专门针对四行仓库保护与复原的创新型设计。

在功能设置上，秉持“保护为主、合理利用”的设计理念，在四行仓库西部的一至三层设置约 4000 平方米的抗战纪念馆，其中一至二层为常设展馆，三层为临时展馆和办公用房，增设楼梯、电梯、卫生间等以方便观众。其余空间为创意办公和商业配套，增设电梯、卫生间、屋顶室外平台等共享空间，提高办公功能的舒适度。

四行仓库在恢复历史原貌、确保建筑安全的前提下，设置抗战纪念馆、创意办公等功能空间，使其不仅展示历史原貌，更能有机融入城市发展，真正让文物建筑“活起来”，也反映了上海的近现代文物建筑保护再利用的管理、设计、施工水平走在了全国前列。

苏河湾万象天地区域

根据“一江一河”发展愿景和目标，苏州河未来发展的核心是服务“人”的需求，全方位提升滨河地区的功能能级和环境品质，激发滨水区活力，重塑滨水区形象，使苏州河重新成为具有独特文化价值和强大吸引力的城市场所，重新回归城市生活的中心。苏河湾万象天地的更新便是通过多元功能打造及与公共开放空间相融合，打造新的城市活力核心。

苏河湾万象天地结合区域内历史建筑的整体性保护利用，引入高端餐饮、潮流零售以及高能级的文化设施与艺术空间，进行历史街坊的有机更新，与大尺度开放空间和新建文化地标建筑交相辉映，形成标志性空间，体现人文沿承，展现文化魅力。苏河湾万象天地结合主题活动和生活场景体验等打造的公共艺术空间，得以生动地融入现代城市生活，亦构成对于历史建筑空间功能转化利用与文化产业运营等的持续探索，引领和推动区域功能重塑、转型发展。

苏河湾地区沿苏州河以公共绿地、居住功能为主的区段，是一个更强调为居民提供休憩与活动的场所。提供绿色生态空间，以及进行滨水岸线与腹地滨河开放空间统筹设计，形成空间整体、活动多元的公共活动场所。街区更新改造后，沿苏州河开辟了休闲骑行道，为居民提供慢跑、骑行、运动场地，构筑了沿岸的体育健身活动中心。以洞口为原型的设计轮廓遍布公共绿地区域，历史文脉、商业空间与自然生态空间交相融合、立体交互，带给人们多

四行仓库

苏河湾万象天地

层次的丰富的空间感受与游憩体验，提供了尺度宜人、连续且多样化的步行空间，亦重塑了区域多元融合、活力动态的城市界面，提供给市民包含文化、商业、健身、休闲等功能的高品质人文活力生活，让苏河两岸回归城市生活。

黄浦区苏州河南岸提升工程

苏州河与黄浦江交界处的黄浦区外滩段历史最为丰富，是苏州河持续更新转型的核心段落之一。3千米的滨水岸线以河南路桥和乌镇路桥为界，划分为东段、中段、西段三个段落，形成“一带三段落”的景观规划格局。东段为苏州河与黄浦江交界的部分，历史建筑密集，人文活动丰富，滨河公共空间腹地较大，具有凸显苏州河精致典雅的门户形象的可能性，因此将东段命名为“苏河之门”；中段滨河空间较为狭窄，分布着很多小尺度的店铺和民居空间，同时有多条小街道，将中段的滨河空间与城市空间（北京路为主）相连，沿着水岸行进，可以窥见上海的市井百态，具有形成与腹地联动的一体化设计亮点的机会，中段因此得名“苏河之眸”；西段的空间腹地较为充裕，南苏州路在这个段落中为禁止机动车的区域，沿河布局有改造好的酒吧、咖啡厅、民俗和集合办公等建筑，同时在成都路桥下有一处既有公园——九子公园，这一段落总体上已经呈现一种休闲休憩的空间氛围，因此这一段的设计主题为“苏河之驿”。

项目创新性地提出“八合一”理念，即搭建城市设计、建筑设计、景观设计、市政设计、水工设计、生态修复、智能设计和艺术设计协同合作的跨学科研究框架与实践平台。在该理念下，构建城市滨水空间再生体系的六个维度——系统化空间营造、历史文脉延续、基础设施复合、场景节点构筑、生态环境修复、公共艺术植入。

设计注重场地原有建筑的减量化及可持续利用，以景观化的方式进行生态修复。沿途保留原有成熟乔木的同时尽可能补充乔木序列，形成连续性的遮阳空间，提升绿视率，下木采用当地品种，按主题和不同生境适当多样化种植，形成宜人环境的同时减小径流系数，获得较好的生态效益。以“立体樱花谷”优雅、巧妙地营造丰富的空间体验。植物作为空间要素参与构成，带来多样的互动和生命的节律。

追溯城市历史和共同记忆，被覆盖的泳池被发掘出来重见天日，被拆除的体量以通透构架的方式重现记忆；遗留的桥墩被激活利用，重新发挥价值。遍布城市的同质化加油站在苏州河畔变为可以相聚的加油站驿站，泵房和垃圾压缩站转型成为融入休憩功能的城市亮点。这一工程创新性地探索了基础设施的复合，将其变为城市风景，开放性的空间让日常性的相遇成为可能。

通过沿河空间的品质提升，对苏州河两岸公共空间复兴做出示范，激发多样的滨水活动，提升滨水空间价值，促进周边城市更新的进程，复合服务功能与基础设施，提升空间使用的集约度，紧凑发展，蕴含深远的经济效益。滨水空间的公共性、开放性、亲水性得到发挥，从部分“临河不见河”到绝大部分可以见水甚至亲水，形成不间断的临水“绿道”，吸引人们重回苏州河畔。

北外滩北苏州路滨河空间贯通提升工程

项目所处的位置是苏州河和黄浦江的交汇处，滨河空间全长约 900 米（外白渡桥—河南路桥），是外滩历史文化风貌区的一部分，历史上也是最早的外滩花园，存在着大量新古典主义的历史建筑，这些优秀的历史建筑，有着绝佳的潜力再现上海魅力。

立足河畔区域特色，区域景观整体设计将空间划分为上海大厦活力花园段、宝丽嘉酒店休憩观景段、邮政大楼风貌展示段与河滨大楼特色风情段，形成“一岸四段”的总体规划结构。上海大厦活力花园段针对上海大厦门前区域，整体打通空间断点，实现滨河空间全面贯通，结合精细化管理打造高品质公共空间，全方位改善整体环境，打造门户节点；同时将海事所建筑改造成为公共服务配套建筑，在景观形态上协调区域风貌特色，功能上形成“可进入、可解读、可体验”的服务空间。宝丽嘉酒店休憩观景段路面较宽，现有条件较好，在禁止机动车的基础上，增加绿带与室外休憩空间，形成绝佳的休憩观景台，允许室外商业外摆，重点满足市民游览、休憩、观景等需求，打造“共享街道 + 河畔客厅”。邮政大楼风貌展示段道路宽度变化大、路面高低起伏变化大、人行栈道与路面高差大。设计对北苏州路路面进行全面梳理与重新布置，大幅度增加步行空间，将草地、坡道、台阶等软硬质铺地结合，多模式消解高差，在满足防汛墙结构不变、特殊车辆可通行的基本条件下，结合邮政大楼功能进行多节

苏州河南岸黄浦区段滨水公共空间

虹口区北外滩北苏州路滨河空间贯通提升工程

半马苏河公园

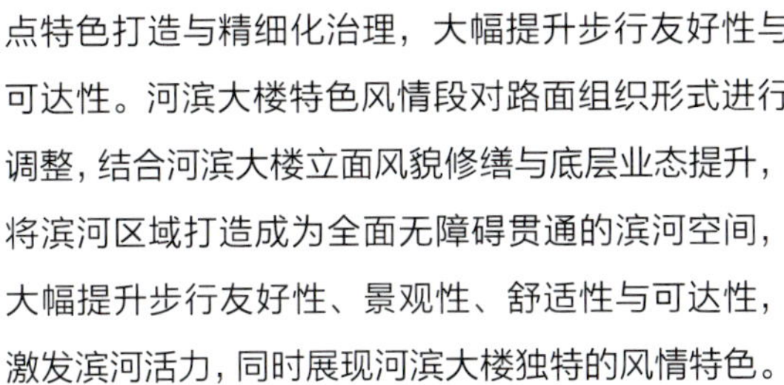

点特色打造与精细化治理，大幅提升步行友好性与可达性。河滨大楼特色风情段对路面组织形式进行调整，结合河滨大楼立面风貌修缮与底层业态提升，将滨河区域打造成为全面无障碍贯通的滨河空间，大幅提升步行友好性、景观性、舒适性与可达性，激发滨河活力，同时展现河滨大楼独特的风情特色。

同时，作为苏州河沿岸规划建设的重要一环，响应“一江一河”的规划建设要求，工程把苏州河虹口区段的滨水空间腾退出来、贯通起来，还苏州河于市民，尽可能多地增加市民休憩和活动的空间，实现了沿岸滨水公共空间的全面“绿化、彩化、亮化、美化”，提升市民、游客的获得感、满意度。改造后的虹口苏州河成为“最美河畔会客厅”，水岸和谐美景与陆家嘴的天际线、外滩的旖旎风光交织融合，营造多元复合的活力滨水空间。

半马苏河公园

半马苏河公园总面积 35 公顷，涵盖苏州河北岸的四个绿地公园，是苏州河沿线面积最大、腹地最深的滨水空间，规划融合了工业文明、游船码头、运动健身、儿童游乐、自然生态等多种元素。

1 号公园原为上海火柴厂旧址，2008 年旧厂搬迁，原址结合苏州河治理、长风生态商务区开发，建成绿地。公园内有上海市普陀区青少年教育活动中心长风新校区，其前身是上海商标火花收藏馆，由上海火柴厂原址内的保留建筑加固修建而成，锯齿房保留了原火柴厂小厂房的工业建筑特色，保留了历史的记忆。

2 号公园占地约 10 公顷，滨河绿道长约 1.1 千米，曾是上海试剂总厂（部分）及陈家渡棚户区。2005 年老厂房开始搬迁，地块结合城区改造逐渐被建成绿地，打造了高坡低谷、流动变换空间组合的绿化布局，并保留了近 70 米高的老烟囱。设计充分挖掘场地历史文化，围绕上海试剂总厂保留烟囱打造苏州河音乐广场，布置主题音乐旱喷和烟囱夜景灯光秀，塑造长风地区超级地标场所。同时，考虑到周边居民日常的健身休憩等需求，公园内有丰富的运动场地，并在原有绿地基础上改造提升，以低碳生态设计为基本原则，保持了原有绿化林荫覆盖的基本格局，为周边居民及游客提供舒适宜人的公园绿地空间。

提资单位：（排名不分先后）**同济大学建筑设计研究院（集团）有限公司 · 都市建筑设计院 · 原作设计工作室**
上海建筑设计研究院有限公司
上海市建工设计研究总院有限公司
上海现代建筑规划设计研究院有限公司

苏州河南岸黄浦区段滨水公共空间

老市府大楼
——保护融合创新

地点：上海市黄浦区

鸟瞰

***项目特征：**老市府大楼（黄浦区 160 街坊）是外滩“第二立面”更新改造的先行启动项目，也是上海城市更新的示范项目，已于 2024 年 3 月基本完成更新改造。它聚合独一无二的历史底蕴、区位优势和建筑品质，即将承载全新的城市功能重新启程，成为新外滩未来商务标杆。项目是集高端金融办公、文化和公共空间、特色配套商业于一体的现代经典围合式城市综合体，通过紧密结合建筑空间的设计，对围合庭院周边的首层商业业态提出多样化建议，为空间与功能的有机融合提供丰富的选择，进而形成“文化 + 社交 + 科创”的功能业态布局，匹配项目“引领者”地位的目标。当前，项目已启动全球招商，包含办公、商业和文化功能，改造后将成为现代办公和海派老建筑历史空间相结合的重要的外滩城市节点，旨在塑造引领上海新经济、引领文化新内涵、引领城市新活力的城市新地标。*

黄浦区 160 街坊由河南中路、汉口路、江西中路、福州路围合而成，占地面积约 1.5 万平方米。基地北接建于 1869 年的圣三一基督堂，往北与南京东路步行街、往东与外滩万国建筑博览群仅两个街区之隔。20 世纪 90 年代，上海在全面推进外滩“第一立面”更新基础上，启动了“第二立面”（即非临江的外滩建筑群）的更新工作。160 街坊即属于外滩“第二立面”先行启动项目。160 街坊内建筑功能类型多样、保护身份多元，包括上海市文物保护单位、上海市优秀历史建筑、上海市不可移动革命文物——老市府大楼（原工部局大楼）、一般历史建筑——红楼，以及黄楼、消防局大楼、不同时期的加建和搭建建筑等，具有鲜明的历史发展痕迹。不同时期、风格的建筑共同构筑了 160 街坊的整体风貌、环境特色。

项目在最大化保留历史建筑元素和其多年的演变，尽可能减少对既有建筑结构干涉的条件下，改善其空间品质以满足当下的功能使用需求。新建的部分延续了历史建筑设计语言和材料肌理，使整个建筑呈现出和谐、经典、优雅的高品质形象。老市府大楼改建后，形成 70% 办公、20% 文化和 10% 商业的复合型街区，打造国际金融办公服务平台、中央活动区文化标杆与城市共享公共空间。主体部分拟引入全球、亚太区域总部办公企业，体现上海“国际经济、金融、贸易、航运、科技创新”五个中心建设的要求；文化、商业部分拟引入具有品牌号召力的文化艺术类、格调餐饮类、特色零售类品牌客户，同时通过公共空间与公共功能的激活，使项目成为炙手可热的地标性城市目的地。

机制体制创新，推动项目高质高效实施落地

本项目在组织架构、土地产权、资金平衡等机制方面积极创新，有效推动了项目高质高效实施落地。首先，按照市区联手、建立合作机制、组建合资公司、共同投资改造的工作思路，构建了由“市区联席会议、改造指挥部和合资公司”组成的三级联动工作推进机制。其次，通过多种模式进行产权归集后，采取了存量补地价、协议出让等土地获取方式，有效实现了产权归集和土地获取。第三，在政府支持下，项目以“开源节流”的理念，积极创新资金平衡机制。其中，开源方面，项目采用银团贷款等多种投资模式，充分拓宽项目资金来源；节流方面，项目争取运营期所缴税收中部分减免或返还，用于弥补实施主体贷款利息支付缺口。通过多样化的资金支持，有效推动了项目资金平衡，保证项目可持续发展。本项目正是通过多样化的机制创新、高质量的更新方案，实现了政府、企业和公众的多方利益平衡，推动了项目综合价值的提升。

沿街立面

功能复合、空间联动，塑造多元体验的新地标

本项目以金融办公功能为主，复合文化、商业等配套功能，致力于打造上海新经济、新体验、新零售融合的上海新地标。首先，通过多元调研制定功能策划。项目设计之初就委托商业策划，结合控规混合用地的建筑量比例要求，通过项目认知、对标案例借鉴、上海同类市场研判、目标客群及需求研判、发展方向与功能布局建议、租金计划等六个板块初步描绘了预期业态布局，总体功能定位为“高端现代服务业经典历史街区”。其次，通过打造共享公共空间，引领城市新活力。项目基于“以人为本”的理念，在寸土寸金的高密度外滩区域，向公众提供了弥足珍贵的公共活动空间：中庭活力庭院，承载着上海开放与融合的海派基因，致力于营造市民体验与分享的社交氛围；顶层露台 360° 绿廊围合，与商业空间联动，打造历史建筑环绕的休憩观景沉浸体验。第三，挖潜地下空间，推动立体发展。项目紧邻地铁 2 号线、10 号线地下隧道结构，项目多方技术论证地下空间的合理深度及退距，结合地上景观逐步优化建筑、结构、机电方案，利用 BIM 技术保证地下空间的经济性与舒适性。地下建筑共三层：地下一层为商业及文化展厅等公共活动功能，地下二、三层为机动车停车库，局部地下三层为战时人防空间。

延续文脉、立足发展，构建分层应对的设计策略

基于对文化发展脉络及城市综合发展需求的理解，设计团队通过查考历史图档、解读基地特征、分析历次设计，提出修复补全 160 街坊四至界面的更新方案，通过扩建建筑延伸老市府大楼的南立面和西立面，形成一个围合基地的“矩形环”，让历史建筑和新扩建建筑展开一场时空的对话。整体来看，设计团队采用了以下重要策略：第一，延续街区原有历史风貌，扩建建筑紧扣老市府大楼，补齐河南中路、福州路沿街界面。第二，在河南中路中部、河南中路与福州路西南角建筑交界面用过街楼转接，打造标志性主要出入口，与东南侧既有建筑底层过街楼门洞形成呼应，整体展现友好、邀请的亲切姿态。第三，关注天际线与形态优化。与外滩其他街坊相比，160 街坊既有共性，又有个性：一方面，通过建筑整体沿街布置形成围合式布局，具有典型的“外滩特色”；另一方面，其围合式布局具有低密度、精致化的特点，同时内含层次丰富的庭院广场，与高密度、芜杂化的多数周边街坊形成对比，其珍贵性与稀缺性不言而喻。

新旧结合、空间重构，彰显建筑的独有特征

A 楼——老市府大楼：老市府大楼更新后将以办公功能为主，在尽可能减少对原建筑结构干预的前提下，最大化地保留历史建筑元素和多年演变的痕迹，同时改善其空间品质以满足新的使用需求。未来它将容纳高档办公、商业零售和文化空间，成为整个项目的“灵魂”。作为上海解放时第一面五星红旗升起的地方，以及曾经上海市人民政府所在地，老市府大楼内还设有陈毅市长办公室旧址展厅，挖掘并展现红色文化与海派文化的精神与力量。

B 楼——红楼：早于老市府大楼，红楼于 1912 年便已建成。从卫生署办公楼到已婚消防员宿舍，再到居住建筑，它承载过多种功能，为精美的维多利亚风格的红砖建筑带来丰富的故事内涵，也带来了设计的空间挑战。基于此，项目确定了“外廓保留、空间重构”的设计策略。根据其在庭院中占据的显要位置，红楼被赋予公共功能，策划布局高级餐厅。内部空间和承重结构根据需求重建，赋予红楼新的生命。

C 楼——扩建环形建筑：扩建环形建筑与老市府大楼共同塑造出围合街区。在外部形体关系的处理上，扩建环形建筑摒弃了对老建筑的简单复制，选择了以抽象的协调方式暗中呼应，保持和谐统一，取得具有新内涵的整体性。扩建环形建筑与老市府大楼采用相同的建筑语言，如转角设计、体量进退和三段式立面等，对现有体量进行“思想延续”。同时通过相似的尺度体量、相似的墙面材料、相近的模数对位、抽象的立面构图的等设计手法，达成对老建筑的精神传承。

D 楼——CITYHALL：作为老市府大楼一部分的礼堂，初建时为巡捕房操练厅，后改建为老市府大楼礼堂，曾是上海市府机关重要的会议活动场所。2003 年老市府大楼礼堂毁于一场大火，现只留下裸露在外、颇有特色的南内立面墙饰。依据其历史位置，项目建造一个新体量的庭院建筑——CITYHALL，延续市府礼堂的文化历史内涵，承载小型音乐表演、公共社交活动等礼堂功能；同时控制其建筑高度和平面尺度，与公共走道、通向北侧街区圣三一基督教堂的南北向历史轴线、庭院广场的公共空间形成独特、有序、分层的城市关系。CITYHALL 位于场

红楼

CITYHALL

地中央，采用对比协调的方式建构，不同于“再生”与“抽象”，运用“对比”明显地区分新旧部分，运用现代的材料和创造手法，通过对立来实现新老建筑的对话，最终达到整体的协调。

精细化、集成化设计管理，助力实现项目高品质目标

本项目提出了精细化、集成化的设计管理方案，利用以高品质实施为核心目标的综合协同管理工具，为多要素协同、全流程统筹的项目实施管理提供支持。项目以全过程设计管理与数字化构件要素相融合的复合管理思维，聚焦“一致性管控”“多维度决策”“投入度前置”三大策略；用具备追溯机制的品控管理平台、并将品质管理质量指标化设计，在精细化设计管理落实的过程中，助力业主实现项目推进时间紧凑、项目过程安全有序、项目成本有效控制、项目理念还原度高等综合目标。同时，在项目推进过程中也对多种技术措施进行了探索性研究和应用，如：大体量文物建筑保护利用中的成套技术、结构加固、理性干预设计技术、复杂环境新建地下空间结构关键技术手段、设备更新及高效集成设计技术和 BIM 设计。

■ 提资单位：华东建筑设计研究院有限公司

世博文化公园
——文化融合，生态永续

地点：上海市浦东新区

***项目特征：**世博文化公园位于上海市中心城区原世博会后滩地区，地处黄浦江核心滨水区的凸岸。该区域作为曾经的世博会举办地，有着重要的纪念意义。世博文化公园区位条件优越、景观环境良好、公众形象积极，是上海新时期实现跨越式发展的重要生态文化功能区。通过规划引领、技术创新等多种方式，建造人工的双子山，并结合已建成的28公顷后滩湿地公园以及世博会保留场馆规划了大歌剧院与世界级一流温室花园等，将世博文化公园建设成为市中心规模最大，文化设施最全的公共休闲区域，成为上海践行可持续生态发展理念与“城市，让生活更美好”的世博理念的最佳诠释，是上海面向未来、面向世界、迈向全球卓越城市的重要标志。*

世博文化公园项目位于浦东新区后世博板块的世博C片区。西北部毗邻黄浦江，东接长清北路－卢浦大桥，南抵通耀路，总用地面积约187.7公顷，其中公共绿地154.21公顷。整体定位为：构建黄浦江核心滨水区域市民共享的开放式大型绿地，成为上海延续世博记忆的重要承载区、彰显文化内涵的集中体验区、上海可持续发展建设的生态实践区。结合已建成的后滩湿地公园，上海世博文化公园对世博会4个保留场馆进行改造，同时新建世博花园、申园、双子山、上海温室、世界花艺园、大歌剧院、国际马术中心等设施，旨在打造未来上海中心城区最大的沿江公园绿地。

上海世博文化公园以历史水系、工业记忆、世博肌理为代表元素，叠加森林、湿地、草坪，形成“水、地表、人文、自然”多重层叠的景观结构体系：世博肌理的景观化延伸，实现了世博精神的延续，呈现了从世博会园区到城市中心生态体验区的转变；叠山理水，力求自然，融入江南文化元素，展现江南园林特色的申园以园中园形式，演绎了森林和园林的交融共生；保留乔木和新种乔木构成的七彩森林，绘就了城市森林到自然森林的绵延画卷。2021年12月31日，浦东滨江核心地区，备受关注的上海世博文化公园北区正式开放。开放的公园北区占地85公顷，主要由舞动广场、静谧森林、时光印记大道、世博花园、音乐之林、中心湖、后滩滨江、申园等景观片区和景点组成，已成为上海市民及外地游客节假日休闲的重要目的地；其南区预计将在2024年底开放，届时整个世博文化公园将实现全园开放。

项目有十大主要亮点：城中有景、景中有城的整体架构；特色鲜明、互融互通的功能布局；绿色出行、立体多维的交通系统；七彩森林、春花秋色的景观设计；绿色生态、自然永续的发展理念；地上地下互联互通、站城一体的地下空间；以人为本、回归自然的灯光设计；资源整合、便捷舒适的智慧公园；蓝绿交织、全域系统的海绵城市；统一管理、区域联动的运营方式。

绿色生态、自然永续的发展理念

依据SITES（可持续场地设计）评估体系，从场址环境、设计前评估和规划、场址设计、施工、运营和维护、教育和性能监控、创新或优良表现几个方面出发，项目内单体建筑均力争绿色建筑三星标准，保证整个园区生态绿色可持续。全园径流量控制被在85%以下；综合采用自然途径和人工措施，全面实践海绵城市理念，构建生态可持续发展的绿色公共空间系统。此外，通过信息技术和各类资源的整合，集结智能交通、智能广播、智能导览、智能互动等系统的建设，树立智慧公园建设标杆。本项目通过研究国内外种植土指标，并结合植物配置类型，分类制定了通用植物、色叶苗木、草坪和特殊环境等多种土壤标准，确保土壤的透气性和肥力。

1 世博花园
2 舞动广场
3 静谧林
4 双子山
5 申园
6 音乐之林
7 温室
8 世界花艺园
9 马术谷
10 大歌剧院
11 后滩湿地公园
12 意大利馆
13 法国馆
14 卢森堡馆
15 俄罗斯馆

总平面图

采取树穴换土和表层改良的工艺，实施土壤改良的策略。对公园的主要景观苗木和特殊品种、珍惜品种、特殊生境条件的苗木，采用容器化技术进行预先储备，在短时间内快速实现“一夜成林”的景观效果。最终实现千棵保留乔木和万棵新种乔木并存的效果，形成探索自然、亲近自然、修复生态的七彩森林和水系，与山体一起，共同构成未来可持续发展的生态系统。

城中有景、景中有城的整体架构

“造山”：最高 50 米的人造山体与连绵起伏的余脉地形，环绕整个公园，阻隔了水泥森林的喧嚣，形成面向浦江的态势。文化公园内的双子山以“景观造山”为设计出发点，满足“全乔灌木覆盖”的城市景观需求，为国内首例在软土地基、城市敏感环境中人工建设的大规模仿自然山体。双子山项目在国内首次大规模采用部分包覆钢——混凝土组合结构（PEC）体系。该项目的成功应用和实践，势必对推动 PEC 体系在上海乃至全国的发展起到积极作用。

“引水”：U 形水体成为缝合各个功能区的核心，项目利用后滩已有水利设施，实现水的自然流动；公园水系引自黄浦江水源，通过水体循环的物理净化和水生植物的生态净化，使水质标准的主要指标达到地表 III 类，提高水体生态自我净化功能。

“成林”：特色鲜明的七彩森林水体覆盖整个公园，高达 80% 以上的绿地率，使七彩森林成为城市中心的新绿肺。

“聚人”：世博保留场馆、温室、江南园林、大歌剧院、马术谷等引人瞩目的现代建筑，将丰富多彩的城市生活融入自然。

区域地势北低南高，整体呈环抱之势，并与水体完美融合，共同构成公园内独特的山水格局。南区山体形成全区景观地制高点及周边场地的聚焦点，北区世博花园东部启动区及音乐之林与双子山遥相呼应。此外，园区灯光统一设计，设计以“人与自然共生共存”的关系为中心，在靓丽的夜上海中给游人全新的发现自然、感受夜景的游园体验。

双子山

特色鲜明、互融互通的功能布局

整体布局围绕世博环区、人文艺术区、自然生态区三大组团展开，与后滩公园区景观融合设计，形成四大功能组团。世博环区位于公园东北角，以世博会保留场馆为核心，包含世博花园、舞动广场、静谧林三大功能片区。这些片区传承世博文化记忆，打造文化高地，提供文化交流场所与创新平台。人文艺术区位于公园西侧，包含江南园林、音乐之林、大剧院、世界花艺园、马术谷几大功能片区。这些片区以人为本，共享开放，打造市民易于前往、乐于驻留的高品质城市生活圈。自然生态区位于公园南侧，包含温室花园、双子山两大功能片区。这些以生态为先，蓝绿网络渗透，完善生态格局，重塑自然生境，促进生物多样性，打造城市生态修复典范。

延续现有、融合消融的建筑设计

园区保留四个世博场馆，延续世博文化记忆。项目改造修缮现有配套服务及设备设施用房，尽可能将配套服务设施消隐在生态绿色的景观中。新建建筑强调与自然环境的融合互通，打造融于城市公园的游憩乐活场所。此外，依托地铁站点，在园区东、西两个主入口处打造站城一体化的地下空间，将地铁人流直接引入园区内部，实现公园与地铁到发人流的无缝衔接。济明路沿线地下空间一体化设计，将核心景点及地铁 19 号线串联，增强核心景点的可达性，使观演、活动、游玩不受室外气候环境影响。在地下空间景观化处理上，结合下沉广场、采光天井、Urban Core，打造舒适怡人的地下空间环境。温室花园利用原上钢三厂老厂房进行改造，充分体现工业历史遗存元素及世博文化记忆；位于公园中心位置与山水环境相融合，是世博文化公园绿色皇冠上一颗璀璨明珠。此外项目使用铝合金上弦与钢拉索形成张弦组合结构的新型结构体系，这是该新型结构体系在建筑中首次使用。

设计总控，助力实现项目高效推进

为积极响应上海世博文化公园的建设需求，根据设计总控管理模式要求，项目组统一部署，第一时间搭建集团层面指挥平台，成立设计总控团队，协调多个设计团队，共同开展工作。主要工作内容可以归纳为“三定”，即定标准、定总图、定计划。主要工作重点分为四个重要工作阶段，即总体规划方案编制、总体设计导则编制、统一技术措施编制及后续指导协调工作。高效控制项目的整体进度，有力保障此次北区的顺利开放，体现了华建集团全过程技术服务实力。

提资单位：上海建筑设计研究院有限公司
上海现代建筑装饰环境设计研究院有限公司

鸟瞰

蟠龙天地
——水乡风雅，时代风尚

地点：上海市青浦区

商业街区实景鸟瞰

***项目特征：**位于上海虹桥商务区的蟠龙天地，深度融合了江南水乡古镇的文脉与现代气息，精心维护十字街巷、古河道、历史建筑及绿化，构建开放街区，展现传统与现代的完美交汇。商业街区在保留古镇韵味的基础上，集休闲、文化、艺术及商业于一体，打造时代风尚体验空间，明确提出“不为消费设计，而为体验创新”，举办了多类艺术活动，营造出一种“生活范式”，深受市民和旅游者喜爱，成为热门的打开地。同时也为投资者提供了稳定的回报预期。通过引进国际化品牌和举办各种艺术文化活动，蟠龙天地成功提高了上海西部地区的整体吸引力，形成了持续的社会关注度和口碑传播效应。项目秉持“以人为本、文化唤醒、自然融合、城市焕新”的理念，凭借对自然环境与人文底蕴的巧妙融合，以及对顾客体验的独特营造和卓越运营，荣获多项国内外知名行业奖项认可，在商业地产和休闲旅游领域的创新实践取得了显著成效，持续为上海城市文化建设贡献积极的社会价值。*

蟠龙天地位于上海青浦徐泾蟠龙古镇，紧邻繁华的虹桥交通枢纽，与国家会展中心遥相呼应，是瑞安房地产开发的大型城市改造项目。其前身是蟠龙镇，始于隋，建于宋，兴于明清，沉淀了 1400 余年的历史文化底蕴。

整个蟠龙天地包括三大功能空间：约 23 万平方米的公共绿地、约 5 万平方米的水乡古镇商业空间和约 25 万平方米的国际住区及公共服务配套。这一项目致力于打造“上海前门院，江南新天地”，是继上海新天地之后，瑞安对上海的再一次城市文化献礼。

蟠龙天地商业街区在限高、消防、风貌保护等多重挑战下，以创新的深化设计、深厚的技术积累，给出城市更新项目落地的示范性路径；居住空间则注重居住场景的营造，以“现代形、东方意”的理念，精心打造出既有现代感又充满江南诗意的高品质居住环境，使蟠龙天地真正实现了商业与住宅的和谐共生、传统与现代的完美融合。作为上海最早获批的 32 个历史风貌保护区之一，蟠龙天地经过多年的更新改造重焕新生，成为上海又一处城市更新典范。

维护古镇历史格局和风貌完整，以保护带动发展

项目遵循《上海市徐泾蟠龙历史文化风貌区保护规划调整》要求，在维护古镇历史格局和风貌完整的前提下，项目推行以保护带动发展的策略，具体执行四大核心方针：复原古镇纹理，即细致整理旧有布局，重现古镇标志性的十字街巷与独特肌理；维系古风雅韵，即保护与恢复风貌街巷、河道景观，激活传统公共空间，使之焕发生机；融合现代设计，即细腻修复历史遗产，创新性地协调新旧设计，让历史风貌在创新中重生；绘就诗意空间，即通过景观设计激活历史记忆，利用夜景照明凸显风貌层次，营造如诗如画的意境。

不同团队紧密协作，细心雕琢岁月留痕的建筑、狭窄小巷等原始风貌，完好保留了古镇的水网、桥梁体系及十字街巷格局。南墅泾河与香花桥构建的“十字”骨架，成为沟通历史与现代的桥梁。此次更新实践了“修旧如旧”理念，展现传统与现代的完美融合，编织出新旧交织的江南故事新篇章。

作为上海 32 个历史风貌保护区的一员，蟠龙古镇商业街区深植于江南文化底蕴。通过对古镇中心区域的肌理、空间布局、街巷尺度、绿化以及文物和历史建筑的保护与优化，项目重塑了古镇独有的景观风貌。基于对 52 栋历史建筑的细致修复和深入挖掘其背后的故事，项目不仅守护了香花桥、凤来桥等宝贵遗产，还增添了 8 座仿古桥，寓意“九龙一凤”，深化文化意涵。同时，融合现代景观设计与古典蟠龙十景的灵感，创新推出“新蟠龙十景”，使其成为一处生动展现古今融合、文化活态传承的地标。

打造集文化、自然、休闲于一体的轻度假胜地

蟠龙天地总体策划与运营围绕“另辟蹊径的生活方式叙事”的核心。项目启动即见证了非凡盛况，吸引近 20 家全国首店及超 60 家区域首店的加盟。随着不断扩容升级，项目集成多元业态，从文化艺术体验到户外运动，从亲子家庭服务到高端家居设计，还有各类精致餐饮，构建了一个业态丰富、层次分明的品牌矩阵，凸显其在市场中的先锋角色。

项目巧妙利用古镇的历史核心与周边自然景观，打造出一片生态与商业和谐共生的绿洲。特设的童趣天地与宠物乐园，全面覆盖不同年龄层的休闲需求，为访客增添欢笑与乐趣。绿植密布、溪流潺潺、楼台桥影，构成了一幅生动的都市田园风光，而大规模的郊野公园更是项目的一大创举，展示了瑞安集团深邃的战略布局和对高品质生活空间的执着追求。这种业态与自然环境的深度融合，加之丰富多彩的活动安排，不仅提升了古镇的游览体验，也极大丰富了游客的休闲选择，使蟠龙天地成为一个时尚与传统交相辉映的现代江南水乡。

在此基础上，蟠龙天地打破传统古镇单一商业模式的局限，借鉴新天地的开放式街区理念，结合文化再生、自然共生与城市更新三大策略，创新性地将 5.3 万平方米的商业空间转变为一个集文化、自然、休闲于一体的轻度假胜地。通过对“蟠龙十景”的创新诠释，项目践行“公园 +”模式，融合休闲、文化艺术、亲子教育及旅游等功能，重新绘制了一幅流动的诗意画卷，使蟠龙天地成为一个集水乡风情、艺术氛围、休闲娱乐于一身的“公园中的新天地”，生动演绎了传统文化与现代生活方式的完美融合。

1 古寺鸣钟
2 香花桥影
3 十字街
4 溪桥渔泊
5 烟雨廊桥
6 程祠故里
7 蟠龙湾
8 龙江古渡
9 曲水素居
10 艺海听竹

总平面图

以尊重历史和创新未来为主线，采取逐层递进的设计策略

蟠龙天地商业街区的更新设计以尊重历史和创新未来为主线，对核心区十字街进行了三级递进的设计策略。核心保护区：在十字街核心区的设计采用了复原“古建筑原貌”的方式，这个区域高度还原了古镇的原始风貌；过渡区域：在十字街外围部分，开始渐进式变化，采用了“古建筑形态 + 新立面设计”，融合传统元素与现代材料，平衡历史韵味与时代气息，实现风貌的平滑过渡；外围创新区：在十字街最外围区域则大胆采用创新建筑形态，运用金属、陶管等现代材料，通过曲面设计与大胆构造，赋予空间时尚感和现代感，与传统风貌形成鲜明对比，同时不失和谐。

设计团队在肌理与尺度上严格遵循历史原则，设定街道宽度与建筑高度，创造宜人的 0.46~0.7 的街墙比，营造出蟠龙古镇旧有的窄街密巷格局。采取高度控制策略，细致区分沿街与非沿街区域，滨水界面与主街严格控制檐口高度与坡度，确保风貌协调，同时在内院与后勤区域灵活处理，确保实用与美观并存。

蟠龙天地的再生历程始终坚持绿色生态的核心理念，项目获得亚洲首个 LEED v4 ND 完整认证。通过打造舒适、友好、便捷的社区人形路网，选择低碳的旧石材、旧青瓦、旧青砖修复古建筑，以湿地为基础推动原生动物保护，治理维护蟠龙市河等，实现了从规划到实施的全周期绿色实践。

运用新技术和新方法，兼顾风貌保护与安全保障

面对古镇街区高密度带来的消防挑战，设计团队巧妙平衡了历史保护与现代安全需求，确保古镇格局与风貌的同时，实施了精密的消防设计方案。首先，在总体消防上，利用市政及 S5 用地，布置有 3 横 2 纵的消防主通道，设有内部消防通道（车

街区局部鸟瞰

古桥实景

商业街区

道 4 米，距两侧建筑各 1 米）与主通道连接，内部消防通道或与主消防通道连接成环，或结合小镇空间节点设置回转场地。其次，在单体建筑消防处理上，设计创新性地将“一栋建筑”解构为若干小屋的组合，依据防火分区原则重组，室外通廊、场地等按建筑走廊概念划分在各防火分区内。第三，在防火分隔的布置上，将大部分防火分隔（防火墙）设在建筑内部，减少对建筑室外界面的影响；个别建筑按“采取措施，减少间距”的做法，防火墙设在山墙处；防火墙跨街区处存在对角消防隐患，因此严格控制建筑间距。划入组团的室外空间应视为室内，疏散楼梯应尽量疏散至组团外，实现消防与风貌的兼容并蓄。

鉴于地块分散且受自然与人造障碍分割，设计优化机电系统布局，减少机房数量，降低成本并增加可销售面积。针对管线跨越河道的技术难题，团队巧妙采用倒虹管或沿桥铺设方案，与桥梁设计紧密协作，确保检修便利性与风貌协调性，通过定制检修盖板等细节设计，达成功能与美观的双重目标。市政管线需随市政桥过河，在即将上桥的地方会占用两侧用地，局部与建筑结构存在冲突，雨水排水管压在建筑轮廓正下方，需对方案进行调整。经与结构专业人员沟通确认，桩基下边 45° 范围内为结构安全区域，故将结构桩基右移，安全区域避开排水管，基础承台出挑 3 米承托新增建筑立柱，以减少对面积以及建筑整体造型的影响。

临河建筑设计尤为注重与河道的和谐共生，由于受力工况差异较大，设计首先决定采取结构体系脱离河岸独立设置的方式，以确保建筑安全稳定且不对河道造成不良影响。同时根据不同建筑形式，先确定结构实现基本模式。最终与河道顾问一起发展出 5 种建筑结构形式，在全区桩图与河道、桥梁桩图合图后，确定沿河建筑定位和建筑方案。

实施成效

作为“公园里的新天地”，蟠龙天地与 23 万平方米的大型绿地统一规划，带动了周边居住社区以延续古镇风貌肌理的理念和谐发展，不仅使得社区居民体验到江南水乡的诗情画意，也提供了丰富的社区服务和公共空间，使原本破败的城中村蝶变为集商业、居住和休闲于一体的文化地标，促进了旅游业和零售业的发展，同时也为投资者提供了稳定的回报预期。通过引进国际化品牌和举办各种艺术文化活动，蟠龙天地成功提高了上海西部地区的整体吸引力，形成了持续的社会关注度和口碑传播效应。

凭借其对自然环境与人文底蕴的巧妙融合，以及对顾客体验的独特营造和卓越运营，蟠龙天地在商业地产和休闲旅游领域的创新实践取得了显著成效，持续为上海城市文化建设贡献积极的社会价值。

■ 提资单位：上海天华建筑设计有限公司
伍德佳帕塔设计咨询（上海）有限公司（BWSS）

· 张园——精细化历史风貌保护与技术创新的更新实践

· 露香园住宅街区——历史风貌保护与人居品质提升实践

· 从金家坊到锦园——塑造“双质”空间

· 顺昌路——价值统筹，城市焕新

· 东平路——多元共生的文化街区

· 德邻公寓——建筑师主导下的“开发—设计—运营”一体化更新模式

历史城区

HISTORIC DISTRICT

张园
——精细化历史风貌保护与技术创新的更新实践

地点：上海市静安区

鸟瞰

***项目特征：**位于南京西路历史文化风貌区的张园，被认为是上海石库门建筑群中现存规模最大、保存最完整的代表。作为上海首个成片里弄住宅类历保文保建筑群的城市更新项目，张园历史街区保护更新的设计及实施中探索“留改拆”背景下旧区改造的有机更新模式，采取“征而不收、人走房留”的保护性征收改造模式，坚持保护为先，尊重历史，延续城市记忆，同时关注周边区域的布局协调以及社区公共服务设施和公共空间等公共要素的需求，综合协调历史建筑保护与地下空间开发等问题，丰富了历史建筑的活化利用路径和方式。张园西区于2022年12月1日正式对公众开放，构成上海石库门建筑新地标，也是上海城市更新的独特范本。目前，张园东区的改造正在推进，计划2026年实施完成，将有助于该地区再次焕发新生。*

张园处于上海中心城区静安区的“一轴三带”——南京西路两侧商业服务集聚带上，同时属于南京西路历史文化风貌区，周边轨道交通三线交汇，区位优势显著。历史上，张园曾是上海三大私家园林之一，后成为公共开放式园林、城市公共活动中心，直至改建为里弄住宅。今天的张园，城市肌理、石库门空间格局保存完好，历史风貌价值较高。作为上海规模最大、保存最完整、建筑形式最丰富的里弄建筑群之一，张园拥有众多历史建筑、人文资源，具有重要的公共场所纪念意义，被称为“石库门艺术博物馆”。张园历经多轮更新规划研究，聚焦新旧空间的协调、公共空间的完善、地下空间的开发、规划设计与实施应对等方面，积极探索精细化历史风貌保护理念与保护技术。

征收前张园居民生活基础设施落后，居民急切盼望摆脱“蜗居”的窘境。张园自2015年起历经多轮更新规划研究，十几家专业团队共同协作，对涉及的专题研究内容开展统筹研究，确保指导地区高质量发展。2018年9月，张园保护性征收启动，并于2019年生效，采取“征而不收、人走房留”的保护性征收改造模式，以“成熟一块、启动一块”为原则，分区推进保护性更新。

改造后张园西区已于2022年12月率先开放，目前，张园东区的改造正在建设推进，计划2026年实施完成。百年后的“海上第一名园”又成为了展示上海城市文化独特魅力的窗口。

成片保护，延续整体历史风貌

张园地区拥有全面而多样的住宅建筑类型以及建筑形式符号语言，其历史风貌空间格局在原有的南北向主弄骨架的基础上，向东伸展多条“次级主弄”组成田字形网络格局，形成多组四边独立的用地区域。张园的更新将历史建筑较为集中、空间格局保存完好、风貌特征明显的区域，明确作为肌理保护范围成片保护，范围内各类建设活动强调空间肌理、街巷格局、建筑尺度的保护和传承。同时，沿南侧威海路可开发地块延续原规划中建筑高度以低层为主的要求，完整保留区域街道界面，成片保护屋顶

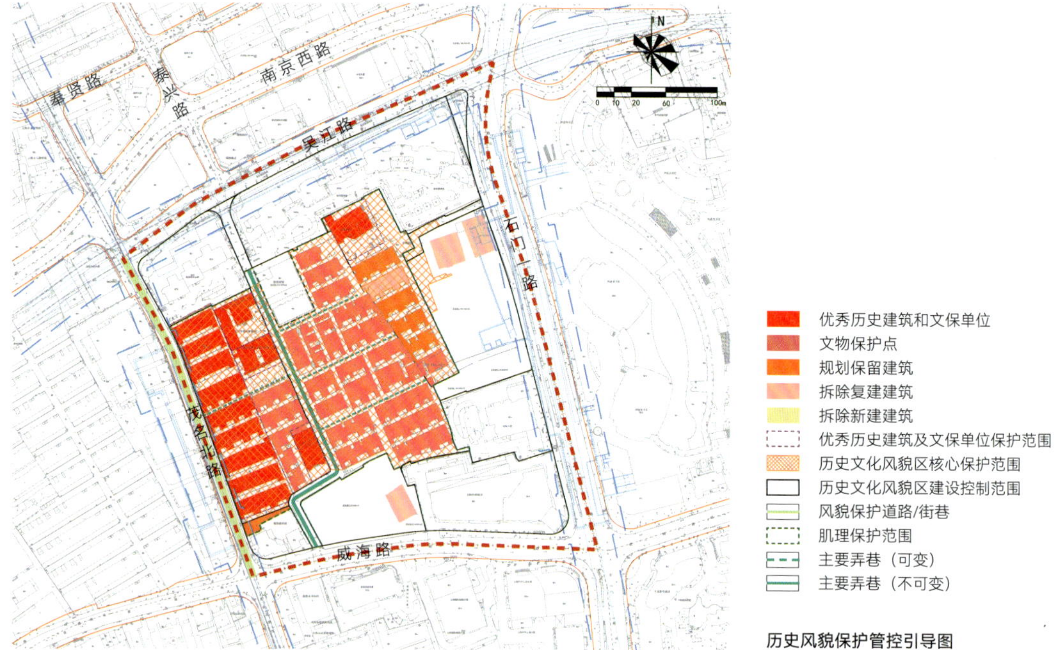

历史风貌保护管控引导图

平面；石库门里弄区域保护了历史风貌、拓展原支弄至茂名路的联通空间，并加固建筑结构等，利于更新提升为有海派特色的商业街；根据地区的功能定位对历史建筑的功能业态进行引导，促进街区整体的更新保护。

活化利用，分类保护历史建筑

结合全面充分的综合评估，明确了各类历史建筑的具体保护更新方式及相关指标，以指导历史建筑风貌保护与活化利用更好地进行匹配。同时对街坊内保留的传统里弄明确建筑立面、绿化环境、道路铺装、灯光照明等方面的整治方式。此外，张园地区对历史建筑活化利用的功能引导以商业办公、文化功能为主，改造后将海派石库门建筑文化与国际时尚等多元文化相融合，增强文化影响力和国际辐射力，同时还在区域内保留部分居住功能，延续生活的“烟火气”和“人情味”。例如区文物保护点里弄公馆也得到精心保护、恢复建筑及室内装修的“原真性”特色，增加相应设备，提高舒适度，适于新的功能需求。

协调新旧，基于历史环境布局公共空间

结合地区原有历史风貌肌理和资源条件，将张园内泰兴路路段由规划市政道路恢复为以慢行为主的主弄；由街道、主弄、支巷构成的巷弄空间，连通张园慢行网络，新旧交融、活力开放。结合历史建筑、地铁出入口等布局多个小型公共空间，增加公共开放空间的公共性、可达性、便利性，形成活力历史街区。

要将张园真正打造为上海历史风貌区城市更新的标杆与典范，必须最大程度弘扬其文化底蕴与“原真性”特色，在充分认识张园本身历史文化核心价值的基础上，从地区的文脉特点出发，从建筑的历史价值与艺术特征出发，从市场需求出发，为公众提供一个有温度、高品质的文化、时尚、商业聚集地。同时，区域内考虑为市民密切相关的文化、体育等公共服务设施预留空间，在更大区域范围做好配套完善。此外，本次项目强调以人为本的原则，考虑到区域内既包含为居民服务的生活性设施、广场空间，又有面向外来游客的历史建筑、商业空间等公共资源，本次更新力求营造时尚创意与市井烟火并存的活力街区。

空间复合，“辗转腾挪华容道”

在更新改造中，遵循保护与建设结合等原则，对张园地下空间进行整体开发。避开优秀历史建筑最为集中的区域，在不破坏历史风貌的前提下适当开发地下空间，实现空间的复合利用。通过设置地下步行联系通道并优化 3 条轨交线路换乘公共通道线型，界定地下换乘各层位置，从而更好地在风貌区内满足轨交换乘的需求。此外，还在地下空间增加地下商业设施与停车配建，联动周边构筑区域地下地上一体化的休闲、商业空间，满足未来的停车需求。

在项目实施过程中，通过“辗转腾挪华容道”的方式创造地下空间，满足新功能需求。创新性地在局部历史建筑下方设置整体地下室，通过顶升和平移等技术措施，对历史建筑进行最大程度的保护，同时满足新的功能需要。2023 年 9 月，张园东区启动了最大规模的组团式平移项目，截至目前，9 栋文保建筑均已按预定线路“走”到其中间址，待相应区域施工完成后，再按原路线“走”回原地。就像是“华容道”游戏一般，要把相应的建筑平移到相应的位置，目的就是要腾出施工空间去进行地下空间的建设。

采用“一幢一档”资料库，数字化记录历史建筑

在上海城市更新中里弄建筑大量消失的背景下，张园街区已成为日益珍贵的城市遗存。街区内多形式独立式住宅的并置，巷弄空间的丰富格局，尤其是高规格的中晚期石库门里弄住宅的汇合，依然留存着浓郁的近代上海弄堂风貌，几乎已是中心城区同类历史街坊中的孤品。张园西区的复杂性为修缮、施工带来极高的难度，而项目得以顺利进展，主要就得益于“一幢一档”资料库的建立。张园的“一幢一档”资料中，除了建筑概况、房屋信息、基础资料、历史图纸、现状图纸、物业资料一应俱全，

鸟瞰

内部巷弄空间

还搜集了老居民的照片、采访屋主后人的影像和文字资料，并附上工艺描述、保护控制建议等。如此全方位、全维度记录房屋资料并提出保护控制建议，为后续的保护、修缮、利用等系列工作打下坚实基础。此后，“一幢一档”的方式在静安区乃至上海全市得到进一步推广深化。在张园西区有机更新过程中，“一幢一档”科学管理形成了一套《历史风貌保护性征收基地保护管理指南》，对未来同类型项目具有较高的参考意义。

绿色技术赋能，最大限度提升建筑综合性能

项目合理采用绿色建筑改造技术，在保留历史风貌的前提下，最大限度提升建筑综合性能，兼顾了城市更新下的绿色低碳、健康舒适、环境宜居等目标。项目整体按照绿色二星标准设计，因历史保护建筑的特殊性，故采用逐栋分析、特征应对的方法，根据每栋建筑的历史留存条件、保护原则、可变空间，采用适当的技术提升建筑品质。整个项目通过对历史建筑进行有效修缮、翻新、再利用，提高建筑的可循环性，降低了建造过程中的隐含碳排放。

土建设计方面，充分使用可再利用材料、循环材料，采用绿色认证建材、复层立体绿墙、钢结构加固等技术策略。机电设计方面，对标国际 WELL 健康建筑标准，全部采用 1 级节水器具，高效多联机机组、空气质量监控设备、楼宇自控系统和 PM2.5 过滤效率达 98% 的新风机组等，为使用者提供高品质的室内环境。场地低影响开发设计采用“在地贮存，智能控排”设计理念，结合张园天井的历史风貌，设计浅层调蓄型透水铺装模块分散布置在部分院落天井中，控制场地雨水径流。

提资单位： 上海建筑设计研究院有限公司
（排名不分先后） 上海明悦建筑设计事务所有限公司
上海现代建筑规划设计研究院有限公司

张园内部

威海路590弄77号

露香园住宅街区
——历史风貌保护与人居品质提升实践

地点：上海市黄浦区

鸟瞰

***项目特征：**露香园城市更新项目是上海老城厢地区的重要历史风貌保护与现代人居功能相结合的一次创新实践。项目位于老城厢西北角，总用地面积 14.9 公顷，以露香园路为界分为西区一期和东区二期，由上海城投统一开发。项目致力于破解城市更新中传承与创新、保留与利用、风貌与协同之间的平衡难题，努力在继承和延续老城厢风貌的基础上，构建一个满足现代居住方式，适应当代乃至未来城市生活需求的可持续发展人文社区。作为上海城市更新中人居功能改善的先行者，露香园项目重塑了老城厢的场所精神和独特风貌，巧妙处理了文化传承与居住创新的关系，实现了新旧交融、文化与生态和谐、保护与发展并行、公益与经济效益共赢的多元平衡，为城市高质量发展提供了一个更新范例。*

四百多年前，露香园与豫园、日涉园并称为“上海三大名园”。经过漫长的岁月洗礼，露香园区域仅存地名记忆，房屋残破、建筑密集、交通拥挤、市政设施不全等弊病凸显，与社会主义现代化大都市功能形象和人民居住生活品质需求相去甚远。为重塑区域功能形象，2002 年 7 月，上海市政府将露香园区域的改造任务交给了黄浦区政府和上海城投。由此，上海规模最大的以居住功能为主的历史风貌保护项目拉开帷幕。

露香园项目启动于上海城市转型、旧改更新探索研究阶段，以居住功能为主、传承历史风貌的更新项目并无先例可供参考。上海城投坚持“让城市生活更美好”的愿景，边实践边探索，努力破解传承与创新、保留与利用、风貌与协同三大城市更新的平衡难题，总结出一套历史风貌保护开发的完整解决方案，将露香园一期打造成为上海城市人居新地标。通过创新性的规划与更新策略，既实现了老城厢的可持续更新与历史文化的有效保护，又切实改善了居民生活环境，构建了一个融合东西方文化、凸显海派精神、传承地方价值、弘扬文化自信的历史风貌街区。

露香园路将项目分为西区一期和东区二期。西区一期 2009 年正式开工，2021 年 9 月交付。东区二期 2021 年开工，计划于 2027 年交付。通过更新，增加了 19000 平方米的公共空间，增加了 3200 余个地下停车位，全面有效解决了片区的各种民生问题。露香园的实践，为城市更新工作总结出了一整套“承、除、加、建”实施公式：动迁安置做“除法”，联动资源改善民生；保留保护做“承法”，传承风貌重塑功能；现代人居做“建法”，技术创新彰显品质；魅力社区做“加法”，延续基因再创繁荣。项目实现了提升城市能级、打造品质生活、传承历史文脉的城市更新目标。

传承城市文脉，重塑历史风貌

动迁伊始，露香园项目还只是一个单纯的旧改项目，但在拆迁过程中，老城厢被划定为历史文化风貌保护区，项目部分地块被划入了风貌区核心保护范围。2002 年至 2007 年期间，上海城投在保护条例出台之前，就对区域内建筑、街巷及空间做了详尽的记录，对保留的重要街巷、历史空间场所、建筑风貌与原住民的真实生活场景进行了详尽完整的影像记录，在向前变化的同时留下了城市的记忆。

经过大量的方案研究及专家论证，确认目前的规划方案：以大境阁所在的大境路为界，采用北高南低的规划格局，通过最小面积的高密度开发地块进行容量转移，以保留最大面积的历史肌理风貌。北侧高层风貌协调区容纳建筑量，重塑体现大都市气息的城市节点；南侧低层风貌保护区则重点重塑老城厢的传统街巷风貌。南侧低区贯彻“肌理保护”的理念，保留了原有的路网，仍继续使用原有的名称，复原了等级分明的街道空间尺度、建筑围合街区的布局形式和南北向为主的建筑朝向，重现了传统里弄“主弄 - 支弄 - 院子”的风貌特征和空间私密性层级，延续了传统石库门里弄的空间肌理和序列给人的怡人感受。北部高区则将底部二层设计为配套商业及服务功能区，精心推敲底层裙房的檐口高度与街巷宽度的高宽比，以裙房限定街道的空间尺度，使之符合老城厢尺度特征要求。

多维保护更新，历史建筑活化

露香园项目采用多维度的保护更新策略，针对其在传统宗教场所、居住环境、商业业态、街巷格局等方面展现出的鲜明地方文化特征，开展包括但

1 古城墙遗址绿地
2 白云观
3 大境阁
4 一期高区
5 一期低区
6 上海市实验小学
7 万竹街41号
（首批上海市建筑遗产保护利用示范项目）
8 璟源公寓
（文物保护点更新项目）
9 开明里
10 露香新园
11 慈修庵
12 原南市图书馆

总平面图

不限于公共空间品质提升、功能业态多元化、建筑活化利用、慢行系统串联等专题研究，以确保保护更新工作的针对性与实效性。通过多元化手段积极探索如何重燃老城厢的生活气息，增强其人文品牌的辐射力，从而最大限度地释放城市遗产的未来潜能。

通过充足的地下停车空间缓解历史风貌住区的交通与停车问题，更好地营造地面公共开放空间。另一方面，通过高标准的地下空间设计，既一定程度保护了原有历史建筑，也使其更符合人性化居住空间的需求。

露香园区域内共计保护十一处历史建筑，依据各建筑情况采取分级分类精细化的修缮改造方式，有原貌保护修缮、局部改建、优化复建等。创新使用外立面清水墙、水刷石和水泥粉刷修缮三项技术。针对外墙清水砖复原、山墙雕花装饰复原、红砖窗套复原、木装饰修缮进行专项技术研究。复原效果以万竹街 41 号为例。该建筑复原结合周边地区的发展定位和功能需求，将保留历史建筑与接待、文化展示、红色书店、服务式公寓等功能相结合，既保留了历史风貌，也实现了历史建筑活化后的社会价值延续。

对红线内外道路进行一体化精细设计，充分考虑车行道路、人行道、建筑入口前区、广场绿地等细节。对于沿街建筑，在建筑立面的体量划分、色彩风格、材质、细节构建等层面进行了精细化的设计把控，力图再现极富韵律感与连续性的街巷界面。新建的高层建筑，以细节丰富的 Art-Deco 建筑立面风格突显“中西合璧”的上海精神品格。低层风貌建筑，采用现代与传统工艺相结合的施工方法，

鸟瞰

考究立面材料（如清水砖、水刷石、斩假石等）的运用，以及精细修复后的特色构件（如顶部山花、弄门、门头、瓦面等）的再利用，既保持材料与肌理相协调，又有明显的可识别性，实现历史真实性与形态完整性的统一。

为实现当代生活品质的提升，露香园项目在历史风貌住区中引入了前沿理念，如将“超低能耗的考量”“智慧城市理念”和“未来社区服务规划”等融入项目的建设中。项目高层住宅采用高标准节能建筑做法，采用主动式节能和被动式节能相结合策略，在外墙、屋顶、门窗、设备、遮阳多方面采取节能措施。新兴建筑技术的运用真正将露香园打造成一个面向未来的“智慧低碳社区”。

延续空间格局，复兴街巷活力

为妥善解决老城厢传统居住形态与现代品质生活的矛盾，露香园项目遵循相关历史风貌区保护规划单元控规提出的“公共性”与“开放性”要求，在重要城市界面新增门户性公共开放空间，并与历史建筑、公共服务设施统筹布局，以突出露香园片区的独特风貌形象。

在优化空间格局方面，调整和优化里弄建筑内外部空间。室外空间遵循历史里弄“主弄－次弄－庭院”的风貌特征和空间私密性，在此基础上进行合理优化：主弄体现较强的场所感，是主要交通空间；支弄保证一定私密性，是公共空间与私密空间的过渡；庭院进深小，围墙高，形成私密性较强的空间。在室内空间方面，对于以居住功能为主的里弄类建筑，单开间被合并为双开间或者三开间，以提升整体空间的舒适性，满足当代生活需求。对于植入多元业态的历史性公共建筑，在明确目标人群的前提下，依据多元空间的需求进行灵活性的空间布局，从而提升建筑价值。

街巷活力复兴方面延续了历史“土”字形的商业格局模式，在此基础上进行改造，突出打造大境路－方浜中路－旧仓街－阜春弄公共街区形成的“商业－休闲－文化－居住”轴线网络，以提供形式丰富的商业体验。同时构建城市、地区和社区三级商

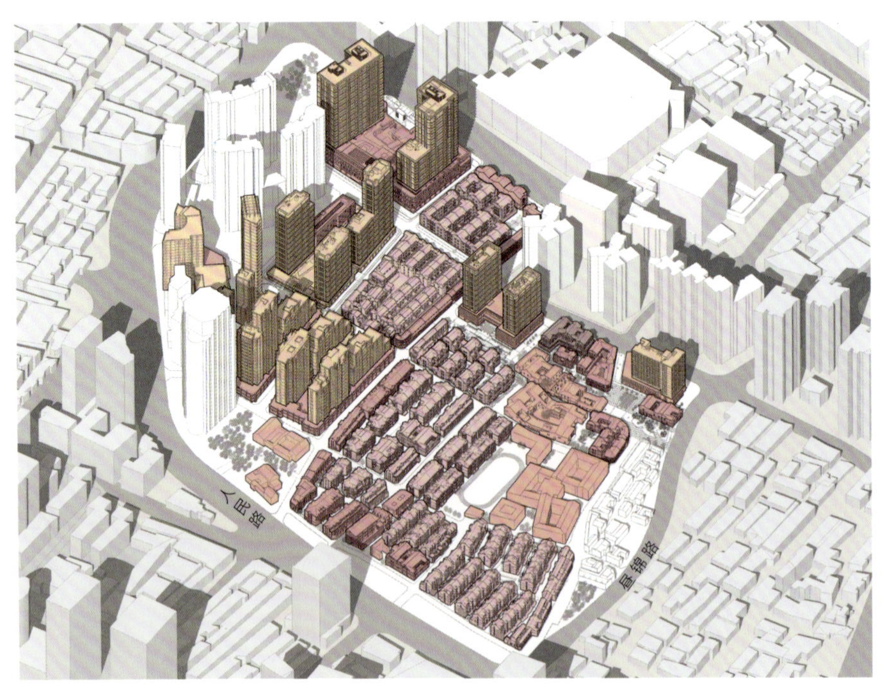

业与文化配套服务设施，为城市提供 15 分钟生活圈的便利。

为缝合老城厢人民路西侧环城绿带与古城公园之间的城市空隙，将古城墙遗址规划为街心公园，从而构建北侧完整的人民路公园走廊。同时项目以大境路 – 阜春弄 – 方浜中路作为区域内主要高品质慢行网络路径，将大境阁、露香新园、慈修庵等历史记忆场所通过此路径进行有机串联。作为豫园商圈百年福佑路向西延伸的街巷，特色林荫路旧仓街 – 福佑路丰富了慢行网络层级，营造了一片舒适优美的步行环境。作为区域的核心精神地标，露香新园将被打造成为一处兼具当代审美需求和公共功能的都市园林，与外滩东门广场、昼锦公园、新天地太平桥公园等地共同构成“蓝绿丝带”上的重要公共开放空间节点。

在满足日常使用需求的前提下，项目通过把控城市家具、市政设施、地面铺装、招牌标识、外挂设施、照明灯具等的色彩、样式、材质等风格，有效提升公共空间的舒适度，为大众提供更加优质的公共空间体验。

内部住宅

提资单位：上海城投控股股份有限公司

从金家坊到锦园
——塑造“双质”空间

地点：上海市黄浦区

合成鸟瞰

***项目特征：**项目位于素有“上海之源、城市之根”历史地位的上海核心历史风貌区——老城厢内，是老城厢内保留十分完整且延续江南本底城市肌理的片区。以“织补、衍生、演绎”为主要理念，以“保护修缮”“保留改造”“更新改建”为主要手段，在“一房一册”的细化甄别的基础上，因地施策、因房施策，在庞杂的历史存续中抽丝剥茧，通过针对性的研究形成了系统性的更新策略，并以富有共情的场景化设计回溯历史高光时刻，让这里成为最经典的“双质”空间——即代表上海历史的特质空间和代表上海当代的品质空间，进而实现在江南本底的基础上再塑海派城市气质，契合全球卓越城市的核心发展愿景。*

在《上海市总体规划（2017-2035）》中，上海首次提出了“中央活动区（CAZ）”的概念。中央活动区定位为城市主中心，是上海建设全球城市功能的核心承载区，金融、商务、商业、文化、休闲、旅游等功能高度融合，既连接全球网络，又服务整个市域。老城厢就是其核心中的核心，因为城市的发展永远都是一个循环，先往外扩，再往内收，带动新陈代谢。根据规划，这里是黄浦全域中央活动区的核心承载区。

本次所呈现的城市更新样本，位于上海核心历史风貌区——老城厢内。老城厢素有“上海之源、城市之根”的历史地位，历史存续达 700 多年，从上海建县以来，发展至今；是上海特别重要的历史风貌文化保护区。

这是一次历时悠久的城市更新，从最初的老城厢整体规划到现在走入实施阶段，历经 20 多年的酝酿、探讨和研究。从 2000 年初开始的老城厢整体规划，基于“外高内低”的整体格局，逐渐理清本项目区域的风貌形态和空间体系。拟新规划“昼锦路”以贯通东西。以此路为界面，北侧为城市公共空间：蓝绿丝带，打通城市脉络；其南侧以居住业态为主。

多家团队都参与其中，进行研究和探索，以“接力”的形式，从不同角度进行分析和策划、规划和方案实施，因此成就了这一上海规模最大、形式完整而丰富的老城厢风貌建筑聚落的复兴，是一个极具现实意义的更新样本。

项目总用地面积 9.57 万平方米，由十多幅地块组合构成。总建筑面积为 43.03 万平方米，其中地上总建筑面积为 24.86 万平方米，地上经营性面积为 23.00 万平方米，地下建筑面积为 18.17 万平方米。规划范围内文物保护点、保留历史建筑、甲等一般历史建筑和乙等一般历史建筑的总建筑面积不少于 7.07 万平方米。包含金家坊、西马街等风貌保护街巷。

区域城市肌理对比

整体策划及业态分布

以昼锦路、方浜中路为边界和连接处，形成区域内的重要公共空间节点。植入商业和口袋公园及大型公共活动空间。成为本区域的活力中心，同时成为“蓝绿丝带”上的一组重要空间聚落，也将是一个新的城市活力激发区域。

昼锦路以南区域，以居住业态为主，辅以幼儿园、派出所、业委会、物业管理及部分会所服务功能。根据风貌评估及建筑甄别情况，划定“肌理保护范围”。在肌理保护范围外，新建高层建筑群落。高低拼接的边界区域，以“楔形渗透”的模式，让高低区进行适度的融合。 这个模式，使大型城市风貌更新具有了经济上的合理性。在合适的分阶段运营开发中，让过程可持续，并在未来能真实导入合理的人口居住和就业，以有“自驱力”的方式，去推动这种成片风貌的存续与更新。

针对性的研究方法，系统性的更新策略

城市更新更多涉及政治、经济、法律等相关问题。它是城市化进程深入后，一个城市机体的新陈代谢。人口的迁移、法律及规则的对应性、经济模式的可持续、风貌及历史的存续、城市发展的需求等，相互纠缠、相互制约，又相互促进。

此前，建筑设计所涉足的更多是单体建筑的改造或针灸式的旧改等。而从“拆改留”到“留改拆”的一系列概念性的变化，才逐渐拉开了“城市更新”的序幕。直至如今，落定“保护修缮”“保留改造”“更新改建”三大耳熟能详的保留保护历史建筑的措施。

老城厢，历史上曾被称为“华界”，其发展和存续的方式，与当时的“租界”有明显的不同。虽然和租界一样有着重要的风貌价值，但其表现出不同的特点：1. 整体上发展成为一种密实、有机的“接邻式”肌理。2. 建筑聚落、群体组合价值大于建筑单体价值。3. 虽然建筑鳞次栉比，层次丰富，但是历史信息现存不多，特别是相关的图纸等内容几乎为零。对此，项目形成了新的针对性的研究方法论，分为五个部分：1. 街巷存续的研究与验证；2. 整体区域的风貌评估与呈现；3. 小肌理单元的风貌构成与研究；4. 建筑规制的验证与呈现；5. 风貌与环境要素、构件的研究与组合。

研究街巷的主次结构及存续与变更情况后，项目将街巷的主要类型分为风貌保护街巷、特色街巷、公共街巷及内部巷弄等，重点关注其风貌连续性、记忆点、高宽比及贴线率等。区域风貌的研究涉及整体性的风貌评估，在全区视野下、历史纵深中都具有独特性。项目深入研究区域的存续和变更情况、周界变化、现状与历史的对应性等。小肌理单元是老城厢部分的灵魂。它来源于之前的开发模式所形成的独特的单元组合和肌理拼接。项目深入研究小肌理单元的历史发展模式及结构性主次关系，并关注其内部单元格局、建筑组合情况以及与街巷的关系等。在前序风貌研究的视野下，项目用类型学的思维方式，研究和梳理不同的空间格局和建筑规制类型，基于其核心的保留保护建筑的形制，关注形制变更和历史考证情况，呈现建筑的主要比例与组合，以及相关构件尺度、建筑材料与形制的关系。以历史研究的视角来观察和调研其构件成因及尺度、使用的主要场景，呈现构件尺寸、材料、形制等。要与城市的宏观策略、法律、风貌等深度关联，需要与每个人对于生活、空间的想象相关，需要建筑师在理性的分析外，更具“共情能力”。以活化文化底蕴、打造卓越城市环境、塑造理想人居空间为愿景，以“织补、衍生、演绎”为主要理念，形成了系统性的更新策略。

而针对金家坊地块的独特在地要素，项目将这

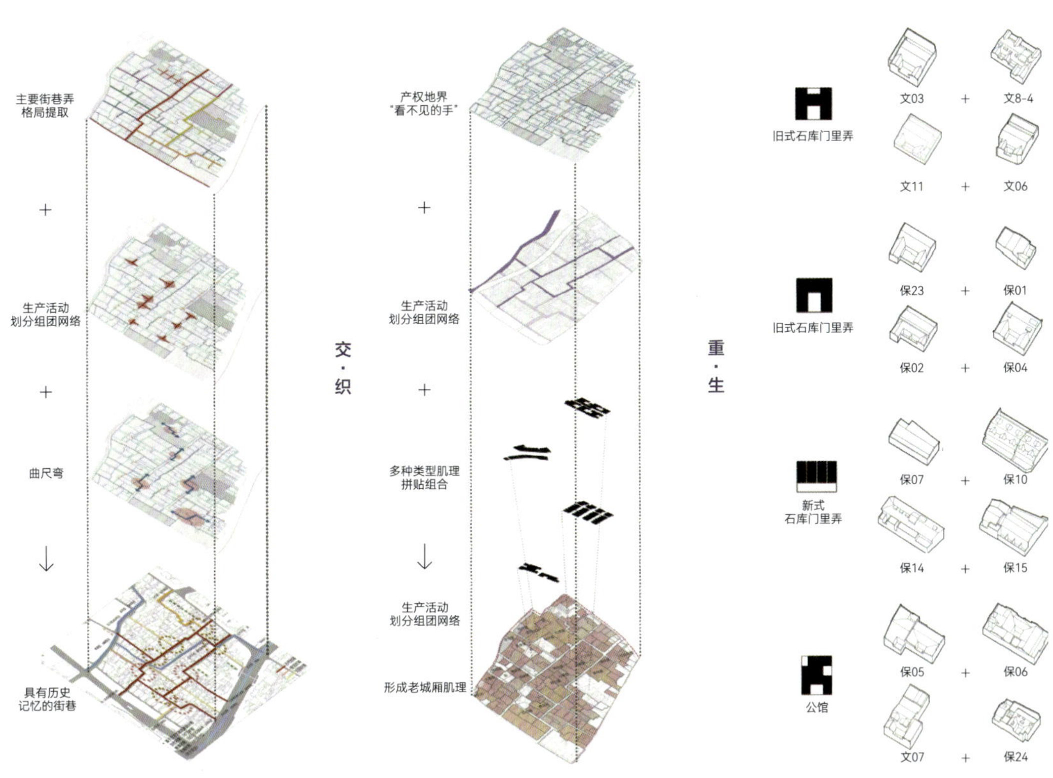

更新策略示意图

一地块的更新分解为在时序上可操作的 8 个步骤，来切实解决其城市更新的实施路径上的困难。完整覆盖从保护到更新的整个过程。以创新的方式，从最大化风貌肌理保护范围的角度入手，结合街巷骨架，紧抓建筑记忆点和片区组团聚落风貌，深入浅出地保护、衍生、重塑其区域风貌。以当年小单元组合开发的模式思维，从底层逻辑上呈现其成型机制，有别于租界风貌区或江南水乡古镇风貌区的做法。这既是场地要素所决定的，也是其历史发展所带来的新的角度所决定的。项目所处的位置正位于“蓝绿丝带”的核心地带，未来从这里步行或者骑车出发，很快就能抵达外滩或是新天地，在外滩打卡，在新天地逛街购物，在蓝绿丝带悠闲漫步，就是可以预见的日常。

城市封面规划，打造“双质”空间

从历史存续的角度看，历史文化风貌区各有特色。其中老城厢板块沉淀存续时间最长，且具有唯一性。从有舟无车的泽国，到经过填浜筑路形成富有特色的路网和街巷，从租界华界并存，再到小单元、自发性的开发和发展形成拼贴杂糅、外紧内松、西密东疏的整体格局。独特的发展历程，催生了富有地域文化烙印的营造，呈现“小而美”“巧而精”“糅而谐”的特征。

从现状的角度看，目前信息体系庞杂，保存状况良莠不齐，且各种建筑的现有使用状态差异巨大；违章搭建、建筑被改造等情况绵延渗透在各个角落，且建筑的历史资料缺失。而这所谓的缺失，正好成为去深度研究的触发点，让我们以完全不一样的心

北向南鸟瞰效果图

态重新细致地观察每一条街巷、每一组建筑，每一个构件。老城厢的中心，更是重中之重，这里将成为最经典的“双质”空间——即代表上海历史的特质空间和代表上海当代的品质空间，将上海的过去、现在和未来紧紧联系在一起，成为中央活动区中最为耀眼的一颗明珠。从地理空间看，这里是上海地理位置的物理中心，是中央活动区城市格局和回归市心议题中的锚点，应以此为源，再造城市的繁华主场，复兴文化符号；从心理空间看，这里是上海人的精神故乡，是上海人的心理中心，这里有上海的记忆、上海的味道，这里藏着上海的乡愁；从发展的愿景看，这里是一个立足 2020、展望 2035 的宏大叙事中的真实切片。项目在保护存续历史风貌的同时，满足面向未来的使用需求，衍生建构新的方式和语言，提升城市整体风貌。在更新的过程中提炼出有价值的历史研究内容，加载到学派与学术的建构中去。同时，这又是一个真切的实践场域，呈现出城市核心区的理想人居环境，复兴都市文化基因，在江南本底的基础上，再塑海派城市气质，契合全球卓越城市的核心发展愿景。

内景效果图

■ 提资单位：gad杰地设计

顺昌路
——价值统筹，城市焕新

地点：上海市黄浦区

里弄效果图

***项目特征：**顺昌路街坊的城市更新项目是上海中心区里弄街坊更新改造中规模大、需求高的典型项目，它为城市更新中大规模更新及增容需求提供了一种尽可能实现保护与开发共生的模式。该模式以“统筹观”为指导观念，包括经济账统筹平衡、风貌统筹协调、地块指标统筹规划、更新保护措施统筹考虑，并十分重视后期的运营阶段，通过低廉租金邀请地块上两家百年老店继续经营，并策动文化展览向公众普及地块历史及更新路线，实现城市建设行为与文化内容的前置性嵌套。项目所践行的模式与策略可为类似的城市更新项目提供一些思路上的借鉴。*

自1901年旧法租界当局筑桂林山路（今顺昌路）起，至1916年筑天文台路（今合肥路）止，顺昌板块基本成型，道路肌理延续至今。在1920—1930年，公董局允许地产商在顺昌路所在街区大量建造里弄住宅，以顺昌路为中轴的街区风貌在此时被确定了下来，以石库门里弄为基础构成了高密度的城市基本形态。同时公董局还实施了分类营业制度，工厂和商业被有意识地引导进来，也成就了满街烟火气和周边高密度住宅区的“厂宅融合”。顺昌路的建设停滞在了20世纪30年代末，形成了平民化的里弄居民区。百年后的今天，由于建筑年久失修，再加上“七十二家房客”式的常年过度使用，建筑存在居住拥挤、使用强度高、居住配套设施缺乏、消防隐患大等严重问题。

“整体统筹，局部创新”是此次城市更新计划的总体原则。针对保护与开发的矛盾性问题，项目立足于现实情况，通过“一盘棋”的统筹规划模式与“因地制宜、以人为本”的设计策略给出了多方共赢的解题方式。针对城市中心地区如何更大程度落实新旧建筑价值共生的问题，项目所践行的模式与策略可为今后的城市更新道路提供一些宝贵经验。

地块更新后，顺昌路上老山东炒货、和平美发厅、人民照相馆、盛兴点心店四家具有80年以上历史的商铺将重新回归，以焕然一新的面貌继续承载老上海的情怀与记忆。以老字号回归的方式延续城市历史的做法，也是一种运营创新。在项目推进初期的2021年，中海地产携手刘海粟美术馆与活络空间设计事务所，联合一众摄影师、漫画师等文艺人士，共同策划“顺昌路：一个对话的机会”城市焕新展。2023年，项目建设阶段，中海地产联合上海历史博物馆，举办“顺昌路：一次重逢的机会”城市更新主题展。这些展览让更多的人了解并认识到城市更新的重要性，激发了人们参与城市更新的热情与积极性。顺昌路的城市更新自规划设计以来就受到了社会各界的广泛关注，项目建设也如火如荼地开展。2024年3月，70#地块高层住宅“中海·顺昌玖里”开盘首日即售罄，其销售额打破纪录，在当前的地产市场环境下证明了社会大众对新旧价值共生的里弄焕新成果的高度认同，体现出保存历史记忆在居住项目设计中的独特价值。

多地块统筹，助力实现整体经济平衡

具体的城市更新项目总是面临如何在历史保护与经济投入之间保持良性平衡的问题，对此，相邻多地块统筹更新的模式具有灵活平衡的优势。统筹观下的城市更新模式能够更好协调多个项目之间的优劣势，以“统筹打包”的形式，平衡经济账，优化片区土地利用效率和资源条件配置效率，更有效地保护历史文化遗产，促进城市整体协调发展。

中心城区核心地带由于地理位置的优越性，土地价值尤为凸显。若单纯依赖对既有建筑的翻新改造来实现城市更新，不仅投入庞大，经济效益无法平衡，也不利于提高中心城区土地空间利用效率。因此，适当增加容积率是一种不可避免的选择。在扩容的前提下，为了充分尊重并维护城市历史风貌，避免对既有建筑进行大规模拆除，采用高层建筑插入既有地块的策略便成了一种有效的平衡手段。同时，随着社会发展，地下空间的利用已经成为必不可少的考量，而跨地块统筹的方式则可实现相邻地块地下室的互相借用，以此把造价控制在合理范围内。

整合城市界面，营造高品质城市街道空间

城市街道空间由两旁沿街界面围合延伸而成，若要营造高品质的街道空间，相邻地块之间的城市界面统筹尤为关键。在整体片区规划中，建国东路与顺昌路被确立为核心十字轴。围绕轴线两侧，结合历史保护建筑，规划方案布局了一系列承载社区文化、商业功能的公共空间。顺昌路自北向南依次分布顺昌玖里海派商业街区、祥顺里艺术生活街区、顺昌市集和上海美专纪念馆。

优秀历史建筑作为城市文脉的重要载体，应更多地服务于城市公共空间的营造，而非被封闭于住区之内，与城市生活相隔绝。顺昌玖里海派商业街区就是由 70# 地块的三栋文保建筑鸿宁里、鹤鸣里和顺鑫里平移至顺昌路北街角，与其他新建筑共同围合而成。新旧建筑共融的社区公共广场空间，蕴含着独特的海派文化意味。此外，顺昌市集的打造，不仅满足了居民的日常生活需求，更创造了具有海派里弄建筑特色的社区公共空间，与历史中的“菜市路”和“西门菜场”遥相呼应，为整个片区的业态增添了丰富的内涵。顺昌路也见证了西洋美术教育在中国的诞生，规划中结合 67# 地块的上海美专旧址历史保护建筑，形成了新的上海美专纪念馆及文化园区，在顺昌路南街留下了浓重的一笔。建国东路上的荣金大戏院曾是昔日摩登上海的缩影，规划方案以荣金大戏院为核心，打造建国电影院、戏剧谷等一系列公共空间，使老建筑焕发新生。这一系列城市公共空间节点沿着十字街轴线设立，不仅满足了社区配套需要，丰富了街区公共空间层次，更提升了本地区的生活品质与城市魅力，同时也充分展现了整体统筹城市界面的优势。

总平面图

延续里弄肌理，多种更新改造方式并举

根据原有上位规划文件的要求，70# 地块的肌理保护范围约为 45%。前期规划研究建议布局六栋高层住宅建筑。然而检验发现高层建筑将对东侧幼儿园日照形成遮挡。团队经由设计论证提出，若能突破限高条件将高层住宅增高到 150 米，那么一方面只需三栋高层住宅即可满足容积率需求，里弄肌理保护范围可增大至约 70%，原石库门肌理会得到更加完整的保留；另一方面超高层住宅亦能获得极为优渥的 100 米 ~150 米高区视野价值，实现住宅品质的提升。经协调，这一多方共赢的方案得到各方认可并被实施落地。

70# 地块参差拼合的里弄肌理是当时私营资本小型开发行为所自然沉淀的结果，其面貌呈现为典型的石库门里弄空间结构：一主弄与若干支弄以鱼骨状形式组合在一起，形成了清晰的街巷空间。高层建筑因日照及卫生间距的要求，建筑之间普遍相距数十米，其肌理尺度相比于传统里弄有很大差

公共广场效果图

异。景观团队选择利用绿化延续里弄肌理，以小尺度的植被和景观，填充高层建筑的大尺度空旷空间，弥合大小尺度的突变性差异，加强整个街区在视觉上的统一性。街坊内部存有两条线型自由不规则的路径，通过查阅历史资料，团队确证历史上此处曾经有一条小河浜，后来演变为不规则的通道路径。景观设计延续这一河浜路径的历史记忆，利用铺地形式表达原有城市水系肌理，使得人们能够在行走间感受到历史的痕迹。历史保护点的建筑遗存情况往往千差万别，需要多样化的保护方式。本项目中70# 地块内建筑历史悠久、类型多样，质量和价值千差万别，需要在精准甄别现状的基础上，采用分级别的保护修缮、保留改造、更新改建、风貌新建等更新改造策略。

新旧建筑共生，追溯城市发展的演变

如何看待低层保护建筑与新建高层塔楼的关系是此类城市更新所不可回避的问题。基于当下城市更新的现实进程，超高层现代塔楼是否一定是不适宜的？发达国家已有不少实践。例如，位于墨尔本中央商务区的住宅楼 Paragon 公寓前身是墨尔本凯尔特人俱乐部的所在地，原建筑外立面具有珍贵的历史价值。最终设计保留修复老建筑外立面作为裙楼立面，并在老建筑的原平面范围内建造一栋高层公寓。这一设计策略在延续历史的同时为场所注入现代建筑的活力。本次建筑设计中也采取了类似的处理手法，超高层范围内的沿街市房立面按照历史建筑基本风貌复建，维持上海传统二层市房的形式类型；而简洁现代的 150 米超高层则于市房坡顶范围后退 5 米，向上直插云霄。城市面貌由下至上形成强烈对比，清晰讲述城市从过去到现在的演变，同时也预示着其未来的发展趋势。

多业态混合运营，复兴城市烟火气

顺昌路曾是上海最有烟火气的街道之一，“复兴城市烟火气”是项目更新的基本愿景。外市内里，是上海里弄的基本形式，也是建国东路地块的基本空间特征。地块内部是承担居住功能的石库门建筑，外部沿街则是商业功能的市房。从早餐铺到炒货店再到书场，一代代人在喧嚣的街道中长大，“城市烟火气”也来源于此。设计团队通过类型学的研究梳理，以沿街商业、转角商业、公馆商业和石库门住宅四个类型统领低层建筑的设计。沿街市房也根据类型划分，参考历史资料，以新材料与工艺设计立面形式。更新后的顺昌路将成为包含现代石库门住宅、高层住宅、商业和公共配套的混合居住社区，其继承自历史的外市内里格局将延续昔日繁华的城市烟火气息。

提资单位：goa大象设计

东平路
——多元共生的文化街区

地点：上海市徐汇区

普希金广场

教育會堂

***项目特征：**与其他熙熙攘攘的道路不同，东平路这样一条看似“不起眼”的小路，历史上曾是环普希金雕像的俄侨诗意社区，是蒋、宋、孔三大家族及其他民国政要的居住核心圈，还是承载了“音乐家的摇篮”——上音附中的中国音乐教育先驱地，具有深厚的历史底蕴和丰富的文化内涵，历史、音乐与诗意在此交织。改造提升后的东平路，将解决功能业态内涵缺失、街道空间混杂失序、历史建筑风貌丢失等现有问题，挖掘音乐文化价值潜力，打造优质文化休闲空间，提供音乐地标主题体验，并兼具提升市民文化生活水平、满足市民生活服务需要以及实现音乐与生活的完美融合等多重功能，成为“可聆听、可品鉴、可阅读”的特色音乐文化街区，同时为上海历史保护道路和风貌保护街坊提供一个“自然生长、品牌互动”的社群营造范例。*

东平路位于上海衡复历史风貌区核心地段，长约 400 米，原名贾尔业爱路（Route Francis-Garnier），修筑于 1913 年。区域周边环境优美，道路尺度适宜，是上海旧法租界花园洋房区的典型代表街道。路尽头的普希金广场是上海近代俄侨的精神家园，普希金广场又被称为“诗人角”，因此，东平路也是旧法租界西区最富诗意的街道之一。东平路也曾是民国政要的居住核心圈，见证了一个时代的风云变幻。如今，东平路是中国音乐教育先驱地，见证了上海近现代音乐文化发展，周边音乐机构环绕，毗邻上音附中、上海音乐学院、上海交响乐团，坐落于“环上音”音乐核心圈内，是“国际文化音乐街区”——衡复音乐街区的重要城市界面。

东平路曾被称为“魔都第一情侣街”，南北两侧曾先后开设过不少风格迥异的小店，建筑风貌参差不齐，与区域内深厚的文化底蕴和艺术文化氛围不匹配。为贯彻落实“人民城市人民建，人民城市为人民”的重要理念，推进衡复音乐街区建设，在衡复风貌区内业态发展规划导则的指导下，徐汇区政府协同上音学院对东平路历史街区东段沿街业态、形态、景观等方面进行了全方位提升，将音乐表演、活动及文化渗透到整个街区，全面提升街区活力，通过“音乐 + 生活 + 商业”的完美融合，打造集音乐体验、学术交流、文创办公于一体的海派风情街道。

东平路历史街区的城市更新包括衡山路 2 号、东平路 1 号、东平路 11 号等优秀历史建筑的修缮设计、全国首个市级“教师之家”的上海教育会堂的更新设计，以及东平路东段开放街区的景观提升、沿街建筑的风貌整治和整体业态的品质提升。更新设计着眼于对街道历史文化、社区生活的整体性保护和再利用，在深度挖掘街区历史人文内涵的基础上，通过历史建筑的保护更新、街区环境的梳理整饬、街区功能的重塑优化、街区生活的赋能营造，打造富有“音乐、文化、历史”的特色开放街区。

都说“一条东平路，半部民国史”，历经风云变幻的东平路沉稳、低调而内敛，在音乐艺术的熏陶下充满诗意与浪漫。念念不忘，必有回响。曾经的“魔都第一情侣街”，化作泛音乐主题的社交文化空间和“首店品牌聚集地”焕新回归。历史的记忆被永久镌刻，城市的情怀被悉心留存，艺术的基因被世代传承，这是一次有温度的历史街区城市更新。

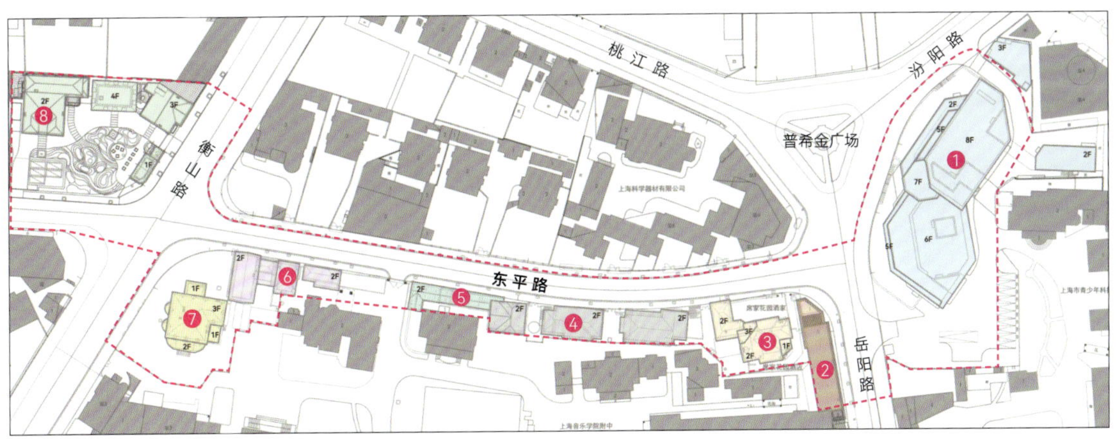

总平面图

1 上海教育会堂
2 岳阳路18号
3 东平路1号
4 东平路5号
5 东平路7号
6 东平路9号临街
7 东平路11号
8 衡山路2号

整体统筹、分类整治的风貌策略

东平路街区见证了民国历史的风云变幻，承载了音乐街区的文化底蕴，在保护更新中，通过延续历史文脉，奏响音乐旋律的方式，对街区的功能业态、空间景观、建筑风貌进行整体统筹。设计理念上突出衡复风貌区的文化底蕴，结合音乐街区主题，融合梧桐树下的公共空间，营造出独特的上海城市氛围。规划上采用“留改拆”并举的方式，以保留、利用、提升为主，通过统筹建筑空间、街道空间、绿色空间的全要素管控，推动区域内整体更新。

更新设计首先对现存建筑进行了分类梳理，对优秀历史建筑、优秀历史建筑辅楼、一般历史建筑、风貌历史建筑、非历史建筑等采取保护修缮、风貌整治、改造更新、拆除等不同的更新策略，进行分类整治。

东平路是衡复风貌区内的一条城市经络，更新通过“城市针灸”，保护修缮和活化利用其沿线的优秀历史建筑穴位，是提升东平路历史街区及周边环境活力的重中之重。优秀历史建筑的保护修缮采用传统工艺和建筑材料，除了完全恢复历史建筑外立面和重点部位的历史风貌、尺度、材质和色彩外，还对其建筑结构进行修缮并适当加固，优化室内环境和机电，重塑其室内功能。作为东平路开放街区的主要沿街界面，历史建筑以精致典雅、古朴优美的风格奠定了整个街区的历史风貌基调。

其他沿街非历史建筑的更新设计保持基本尺度，外轮廓建筑高度、屋面形式基本不变，通过立面单元“化长为短”、局部屋面“改平为坡”、建筑洞口“化实为虚”等方式，以一种“拼贴式”的现代手法，对沿街非历史建筑的外立面进行可识别的提升设计。

精心规划、凝聚场所精神的街区环境

设计完全恢复了沿街优秀历史建筑主楼和副楼的历史材质和色彩，并以历史建筑的红色机平瓦、深褐色木封檐板、黑色铸铁雨水斗、清水红砖、水刷石墙面、斩假石勒脚、深色钢窗等历史材质，对沿街非历史建筑的外立面进行材质和色彩的统一，使之与历史建筑相协调。

景观更新结合街道线型和保留乔木，精心规划并设计了东平路沿街建筑之间的街道绿化、铺装、标识导视、灯光照明等。通过历史材质的现代演绎、艺术基因的场所表达、城市生活的氛围营造，打造“动静结合”“疏落有致”的开放街区空间。

东平路街区俯视

围墙采用与历史建筑相协调的材质如水刷石、枪篱笆、拉毛水泥、清水红砖等，提升街道风貌的完整性，增添历史街区的特有韵味。结合商业空间和乔木，围墙设置休闲座椅和口袋花园，还原街区生活的真实面貌。此外，结合街区活动，围墙被有机地置入艺术装置，通过讲述上海的音乐故事，活跃街道艺术氛围、凝聚场所精神。

三方合作、多方共建的更新模式

徐汇区政府协同上海音乐学院、上海衡复投资发展有限公司，建立区院联动、校企政三方合作的机制，发挥周边音乐资源高度集中的区位优势，通过市场招商，多方式引入社会资源，建立多元平等协商、共建共治共享的机制。

东平路历史街区引入了之禾等高品质天然服饰品牌，东平潮、EHB shanghai 等中外品质餐厅，lululemon 等时尚运动休闲品牌、Aesop 天然植物化妆品品牌等，结合上音附中公益楼中的音乐开放课堂、音乐展厅，以及上海教育会堂的开放演出等活动，整个街区涵盖了吃喝玩乐、运动休闲、艺术展览，文化演出等多种活动。提升后的东平路在业态品质、建筑立面、道路景观等方面，与音乐文化元素完美契合，以音乐文化带动商业发展，传递出多元、精致、浪漫的生活方式。

民生为先、开放服务的更新原则

东平路历史街区的更新设计不仅注重打造高品质的城市公共空间，还通过置入多种类型的文化空间完善公共服务设施和艺术文化设施，强化街区的历史、文化、音乐属性。

除了在东平路沿线开放街区设置口袋花园，将口袋花园与品牌活动和街区生活紧密结合外，周边辐射区域内的自主更新同样如此。如岳阳路 1 号上海教育会堂的更新改造，设计将原沿街建筑拆除，释放出开放的城市界面，即是以完善基础设施、开放服务社会为原则打造的高品质城市公共空间。

文化为核，音乐为题的业态重塑

文化内涵、精品商业、休闲业态、花园自然风光与衡复风貌区街景相融合的独特商业体验空间，也使东平路成为海内外品牌在落地衡复风貌区时的首选区域之一。挪威米其林三星餐厅 Maaemo 海外首店 EHB SHANGHAI、Aesop 中国大陆首店、lululemon 的中国首家独栋沿街店、ERDOS 的首家城市主题店 TENDER SPACE 等多个品牌店铺纷纷选址于此，时尚消费、餐饮与历史建筑、街区商业在此共生。

此外，东平路街区也在持续植入适合其空间尺度的音乐产业，如 Boocup 浣熊唱片店、上音附中音乐公益楼等，并打造珍稀唱片博物馆、音乐图书沙龙、高端乐器品牌文化中心、音乐大师讲坛等艺术主题空间，激活高端音乐街区的活力。

东平路 9 号沿街和 5C 号楼上音附中公益楼的更新基于历史建筑原有的空间特性，通过置入音乐艺术展览、多功能排练厅、音乐科技长廊等功能，营造具有现代美学和极简风格的海派音乐展览、教学和交流的公共文化艺术空间，强化东平路历史街区的开放性和艺术性。

上海教育会堂始建于 1986 年，由“中国城市设计的先行者”、同济大学建筑与城市规划学院教授卢济威设计建造，是全国首家市级“教师之家”会堂。本次更新尊重卢济威先生的设计哲学为核心，保留了原建筑的造型和体块关系，整合内部空间，并塑造了向市民开放的入口广场，为现当代建筑的保护更新提供了一定的借鉴。更新后的教育会堂，通过功能与空间的有序重组，实现了文体活动、文化体验、才华展示、学术交流等功能，进一步突显社会化公益性服务的属性，成为有阵地、有队伍、有活动、有效益的新时代“教师之家”。

自然生长、品牌互动的社群营造

东平路历史街区为上海历史保护道路和风貌保护街坊提供了一个“自然生长、品牌互动”的社群营造范例。入驻东平路的品牌无一不以自如的姿态完美融入历史街区，同时以充满活力的调性和饱含意趣的艺术感在东平路上点染出勃勃生机，予人难忘的视觉与空间体验。这些品牌门店既能再现历史悠久的建筑之美，又能更好地反映品牌的传承与理念，让历史街区在城市更新中焕发全新活力。

东平路沿街的品牌门店不只是展陈体验的空间载体，更是它建立社区聚合的中心。文学阅读、塑身燃脂、综合训练、街头骑行、酸奶手作、黑胶绘画、屋顶派对、冬夏运动会……这些兼具趣味与挑战的社区活动像一圈圈涟漪在邻里间荡漾，建立真实的人与人之间的联结。

东平路“街区式零售”的独特空间布局，使这些看似与购物并无直接关联的社区活动，成为新鲜的购物体验的一部分，并吸引着大量的顾客。“街区式零售”提供了一个更自然生长的社区，并结合自身文化资源，带来更在地的体验和更丰富的文化价值，更有效地渲染和传递生活方式，营造更多相遇的可能和社群的连接。

提资单位：上海明悦建筑设计事务所有限公司

口袋花园

东平路街景

德邻公寓
——建筑师主导下的“开发—设计—运营”一体化更新模式

地点：上海市虹口区

外立面效果图

***项目特征：**位于虹口区北外滩最西侧的德邻公寓是上海滩第一批配备电梯的高档公寓，曾汇聚众多文人墨客，被誉为上海的“文人客厅”。德邻公寓保护修缮工程以重现风貌、重塑功能、重赋价值为引领，践行人民城市理念的内在要求，统筹保留保护和开发利用，将物理空间的改造和公共服务的植入有机结合起来，积极探索可持续的城市更新模式。此外，本次修缮在历保修缮项目中实验性地采用建筑师负责制，在勘察和设计环节全面采用数字信息化技术。以一家上市的设计机构，为上海历史建筑的保护和开发提供了“开发－设计－运营”一体化的积极案例。修缮后的德邻公寓，将成为连接四川北路南段与苏州河畔历史建筑群的璀璨纽带，与上海大厦、邮政大楼、河滨大楼等一众知名历史遗存交相辉映，串联起四川北路南部和苏州河北岸城市文脉，提升区域宜游体验，形成独具历史人文特色的优秀历史建筑风貌展示区。*

上海德邻公寓坐落于虹口区北外滩区域最西侧，属“一心两片”中的“虹口港历史片区”。依托“一江一河”的城市战略规划背景，这里已经陆续形成了以上海邮政博物馆、河滨大楼、新亚酒店为核心的多处历史文化地标。德邻公寓由俄国建筑师 G. 拉比诺维奇设计，始建于 1935 年，是上海滩第一批配备电梯的高档公寓。它坐落于苏州河沿岸的历史文化风貌区，具有典型的折中主义建筑特征。虽历经岁月的洗礼和变迁，但结构和形态基本保持了原有的风貌。

2022 年 12 月 UA 尤安设计开始进行更新改造修缮工作。作为老上海最负盛名的国际公寓，德邻公寓曾汇聚了众多文人墨客，张恨水、张友鸾、陈占元、刘白羽、姜亮夫等文人学者曾在此居住，巴金、郁达夫、叶圣陶、萧乾、章靳以等人也慕名而来，使之成为上海的“文人客厅”。因此，建筑的策划定位在传承建筑的文脉背景的同时，结合自身设计总部的使用需求，打造设计创新前沿阵地，并通过一体化策略，为历史建筑注入新活力，续写德邻公寓新篇章。

本次修缮设计在历保修缮项目中实验性地采用建筑师负责制，在勘察和设计环节全面采用数字信息化技术。自主开发、自主设计、自主运营，为上海历史建筑的保护和开发提供了“开发－设计－运营”一体化的积极案例。2024 年，经过修缮后的德邻公寓将重新向公众开放，更新成为办公场所和上海建筑文化交流集聚地，成为面向量质转化时代的新都市生活空间，展现混合文化、市集的办公新形态。

保护与发展并行的设计理念

德邻公寓更新项目以“尊重历史、还原历史、保护历史”为首要原则，坚持原汁原味、修旧如旧，精心设计、精心施工，秉持还原历史本来面貌、保护历史文化的责任与使命。在外观上，不破坏现有建筑，恢复其本来面貌。内部非重点历史保护部位采用现代简洁的设计风格，满足现代办公使用的同时，与历史保护部位进行了可识别的区分。采用现代设计手法和材料的同时，在细节上延续历史立面的比例与节奏，保留了代表性的圆弧造型与斩假石肌理，通过“新旧融合”的更新策略，实现“建筑可阅读”的目标。

坚持开放性与多样性的更新策略

开放的公共廊道：近百年历史变迁，使城市界面和环境都产生了巨大变化。如何重新塑造基地与场所的关系是一大设计重点。设计重新规划了建筑的出入口方向，解决了周边人车混行、无序停车等问题，重新疏导新总部办公区域与周边商贸城、高档住区之间的关系。通过将建筑的首层空间完全开放，将宝贵的城市文化遗产提供给公众。一条历史建筑中的艺术展廊与两侧多功能中庭的互动为市民提供了休闲、娱乐、社交的场所，促进了社区的更新和发展，增强了城市的活力和凝聚力。

重构的内庭空间："文人客厅"是历史赋予德邻公寓的特殊基因。饱经沧桑的建筑立面和现已被拆除一空的中庭使建筑内外有强烈的割裂感，设计的初动力便是保留并传递建筑的文脉背景。因此，中庭空间采用现代简洁的设计风格，通过幕墙竖挺延续历史立面的比例与节奏，并保留了建筑代表性的圆弧造型与斩假石肌理，通过"新旧融合"的更新策略，让人们读得出历史，产生戏剧性的设计对话和有识别性的干预措施。同时通过现代高新技术的应用——可电动开合的顶棚技术，使得传统的中庭空间能够实现室内室外场景的灵活转化，提供了全新的多功能使用场景。

共享的屋顶花园：以城市共享为出发点进行了项目整体公共空间的营造。试图通过提供多元的配套功能和开放的空间系统，改善区域的公共活动环境。设计将建筑的大部分设备集中布置在环中庭空间的内侧，设置高约 3.5 米的廊架，用垂直绿化将设备空间遮蔽起来，将剩余的屋面空间打造为一处公共的屋顶花园，供未来的员工及公众开放使用。周边高层办公楼和高档住宅环伺，本次更新在提升第五立面形象的同时，为市民提供了一处可以远眺苏州河景观的公共活动场所。

历史建筑的保护传承与科技赋能

历史建筑经常存在图纸档案资料不全或者建筑现况与原始图纸有出入等问题。且在漫长的使用岁月中，多次经过加建改造，建筑不均匀沉降，使得建筑的空间尺寸、结构状况、设备等信息不明，对后续的修缮改造带来极大的挑战。设计团队利用红

1 北侧主入口
2 商业
3 接待
4 德邻廊（艺术展廊）
5 不孤亭（公共市集）
6 有邻院（报告厅）
7 南侧主入口
8 电梯厅（保护部位）
9 后勤设备区

总平面图

外检测、三维激光扫描、全景摄影等技术，对建筑外观、内部重点保护部分进行了详尽的勘察和测绘工作，并且对房屋的结构性能、安全状态、保护部位的完损情况和外立面空鼓等条件进行详细摸排，为后续修缮工作提供了充分的支持。“保护传承，科技赋能”，设计过程中也采用了数字化测绘、全景摄影，真实保留建筑历史信息，并通过 BIM 技术，真实模拟复杂现场条件，实现对保护部位的最小干预。同时将保护修缮的过程和成果，进行了数字化模型的保留，为后续的维护和再利用工作提供了条件。

建筑师负责制在历保更新项目中的探索

设计团队创新采用建筑师负责制，用“一体化、全流程”的设计总控模式，顺利推进德邻公寓更新工程的设计、施工工作，为历史保护更新项目提供了一个新范本。作为实施建筑师负责制试点的项目，建筑设计团队参与项目策划阶段、设计阶段、施工阶段的主要技术落实与品质管控工作。

发挥主观能动，创新解决问题。历史保护更新项目面临着诸多风险，德邻公寓建于 1935 年，年代久远，大楼的不均匀沉降导致局部楼梯间高度下降后不满足现行消防规范，大楼整体结构稳定性和抗震性能不明。建筑师负责制下，建筑师具备风险预测和应对的能力。政策允许责任建筑师根据项目问题，“一事一议”灵活召开专项技术会议，与相关领域的专家制定相应的应对措施和预案，降低风险对项目的影响，确保项目的顺利进行。

专业能力保障，提高落地品质。在历史保护项目中，建筑师作为专业团队的核心，拥有深厚的历史建筑专业知识和丰富的实践经验。在德邻公寓更新项目中，责任建筑师从策划阶段即加入，经过详尽的市场调研，综合成本评估和大楼未来的改造技术风险，制定了切实可靠的项目定位和策划方案，延续贯穿至设计阶段、施工阶段。责任建筑师的“全生命周期”参与能够确保项目的设计和实施都符合行业标准和最佳实践，从而保障项目的成功。

内庭效果图

简化审批手续，加快项目进程。在方案设计阶段，本项目试点实行建筑师负责制，项目的施工许可证提前至项目设计方案批复 1 个月后就予以颁发，项目免去了施工图审查环节，节约了近 2 个月的项目前期工作时间，加快项目顺利推进 。

工作模式创新，提高组织效率。建筑师在本项目的主要工作是作为项目的技术管理总负责，同时作为设计总包管理、项目招标管理、项目施工管理等多环节的核心角色。提前介入材料考察、施工队伍考查等，可有效把控协调各专业技术问题的沟通。在明确建筑师作为项目技术负责主体的地位后，项目技术管理由建筑师统筹管理各相关方的垂直模式，更有利于利用设计院的专业知识，用专业人士完成专业工作，更有利于减少业主的技术管理负担和业主技术决策的风险，并更好地落实业主要求和设计意图，特别适合本项目这样涉及专业工种多、挑战大的复杂改造项目。同时，在施工管理阶段，本项目中，建筑师同时也担任业主的角色，不仅负责参与部分施工管理，比如在招标阶段制定或审核部分招标规格书，在施工现场主持设计例会、监控质量和进度、协调设计与施工的矛盾并及时在会后出具报告给建设单位，还要主导投资管理、工程验收等方面的工作。在质保跟踪阶段，施工工程建设完成时，建筑师负责制的建筑师将对竣工图进行审核，进行档案管理工作。

提资单位：上海尤安建筑设计股份有限公司

鸟瞰效果图

- 南浦火车站旧址——开放共融的公共空间营造
- 曹杨百禧公园——钢铁绿蔓、潮漾秀谷
- 徐家汇体育公园——体育空间焕新城市活力
- 新境地市民中心——城市边缘空间的社区再生
- 苏州河武宁路桥下驿站——城市消极空间的活化利用

公共空间

PUBLIC SPACE

南浦火车站旧址
——开放共融的公共空间营造

地点：上海市黄浦区

***项目特征：**南浦火车站位于上海市徐汇区龙华地区兆丰路 200 号。上海世博会前后黄浦江两岸的综合开发，使其获得了更新改造的机遇。项目采用以地块活化为首要目标、以营造鲜活的生活场所为根本愿景的更新模式，将地块“整体场所感的营造”作为超越“建筑单体地标性”的首要考量，并基于此展开多维度策略，以工业遗产融入开放社区营造、多元业态拓宽社区服务边界、历史建筑营造人居场所空间等方式，将项目打造成为集居住、商业、文化功能为一体的开放社区，以历史建筑再生为契机创造独一无二的人居体验。2024 年 4 月，徐汇滨江作为主会场举办上海（国际）花展，南浦火车站旧址的历史建筑与铁路遗存同花卉造景相结合，吸引大量游客前来参观游览，使该地块成为市民耳熟能详的文化地标。*

南浦火车站位于上海市徐汇区龙华地区兆丰路 200 号，建于清光绪三十三年（1907 年）。由于其站址位于 2010 年上海世界博览会规划展区范围内，因此车站已经在 2009 年 6 月 28 日关闭。也正是上海世博会前后黄浦江两岸的综合开发，使南浦火车站获得了更新改造的机遇。作为西岸总体规划中的“一城”，西岸金融城主要位于南浦火车站站场原址的未开发土地上，场地内保存的南浦火车站八线仓库是这一规划区域内仅存的历史建筑，引导金融城的总体规划，将该地块定位为延续城市人文传承的艺术社区。

在工业遗产的更新设计中，南浦火车站旧址具有一定的特殊性：车站历史上主要用于货运，遗存建筑并非候车大厅，而是散落在货场当中的月台与仓库，其中许多或遭拆除或已被改造利用。地块上现存建筑的体量有限，占地面积仅 1298 平方米，狭长体量不易安置复杂功能。另一方面，历史建筑本身仅占据规划用地的小部分，周边待开发的大片土地提供了容纳多元业态的空间可能性。因此，建筑师将小体量的南浦火车站旧址视为历史记忆的支点，不拘泥于对其本体外观进行价值挖掘，而是通过一系列策略使其融入地块整体，与新建建筑共同构建出一片独一无二的场所，补足该区域 15 分钟生活圈的缺口，为整座西岸金融城的未来生活面貌提供先导性的图景。地块在延续西岸文化走廊的同时，在西岸金融城的文化版图中以“极致年轻”为主题，提供贴近生活体验的艺术空间以举办中小规模展览与交流活动；商业布局则以市民生活需要为出发点，以高质量的零售与餐饮服务滨江绿地及美术馆大道的活动人群。

2024 年 4 月，徐汇滨江作为主会场举办上海（国际）花展，南浦火车站旧址的历史建筑与铁路遗存同花卉造景相结合，吸引大量游客前来参观游览，使该地块成为市民耳熟能详的文化地标。相关资讯在网络平台上广泛传播的同时，《新民晚报》、东方卫视等传统媒体在项目奠基、封顶、开放与大型活动等节点进行报道，声誉传播快、覆盖范围广，社会反响强烈，促进了徐汇滨江游客体量的上升。该地块由此成为开放社区生活的展示样板，带动了案内公寓“西岸中环汇”的出租。在进一步招商完成、更加精致的品牌入驻后，作为开放社区核心的南浦车站凭借完备的商业、文化与绿地设施，将构成适宜多种人群停留与来往的高质量场域，成为联系公共空间与开放社区的内外纽带。

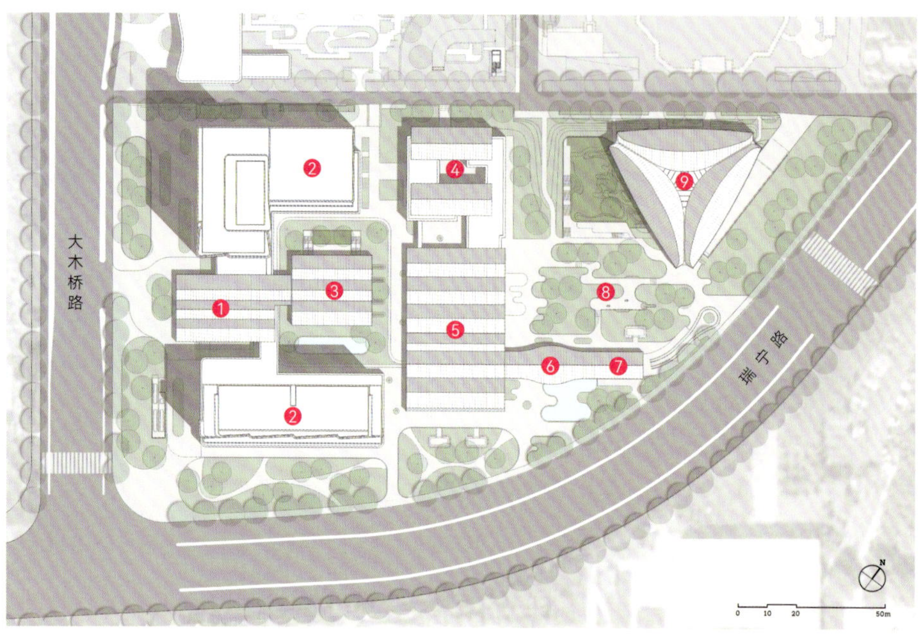

总平面图

工业遗产融入开放社区营造

20 世纪末以来的中国城市化进程中，封闭式小区大量涌现，成为城市居民的主要居住模式。这种模式迎合了居民对隐私性与安全性的需求，但随着城市发展，封闭小区导致的空间碎片化、生活封闭化等问题日益显现，对更加开放、多元的社区生活的诉求也随之产生。

南浦火车站参照了伦敦巴特西发电站等项目将住宅功能植入工业建筑改造中的先例，并吸取了伍德码头与哈德逊广场等金融新城中容纳租赁公寓项目的经验，尝试将 G 地块整体视作集居住、商业、文化功能为一体的开放社区进行打造，以历史建筑再生为契机，创造独一无二的人居体验。

多元业态拓宽社区服务边界

南浦火车站旧址属于一般保护建筑，建筑师由此获得了宽松的设计空间。现存建筑均为砖木混合结构，共有月台、轨道与仓库三跨，自东向西贯穿场地。长达 170 米的历史建筑横亘在 G 地块中央，将场地一分为二。设计过程中，策划运营与建筑设计始终保持密切交流：最初的设计方案拟定将车站整体原地保留，利用长线形结构打造展览空间。但整体策划的反馈表明，此方案难以与场地周边既有的多家大型艺术机构形成差异。将展览空间精致化，并利用富余空间引入多元业态，可以更加充分地发挥历史建筑的独特优势，以文化地标牵引多元业态的运营定位由此得以制定。

在此基础上，深化的总平面图对历史建筑的布局进行了调整：在项目立项伊始，历史建筑已被断为大致等长的东、中、西三段，设计师因地制宜，将西段建筑保留原位落架大修，与两侧的新建公寓楼共同构成完整的西立面；中段与东段则落架后向南移动并重建，围合出一片开阔的艺术花园，同时成为面向滨江绿地的对外展示面。设计完成后，运营方邀请专业文化咨询机构，对比国内外案例，根据最终施工方案对书店、画廊等重要节点空间再次进行专题策划，确定具体招商意向。

完成布局的文化商业场域在对外开放的同时也致力于为社区提供便利服务。位于历史建筑中的展览空间希望引进知名画廊品牌，成为“楼下的美术馆”，配合艺术书店与健身会所，将传统上以餐饮零售为主、解决衣食住行需求的社区便利服务边界大大拓宽，延伸至文化、艺术与运动领域。

西岸金融城G地块鸟瞰

历史建筑营造人居场所空间

建筑师希望南浦火车站旧址不局限于一处游离在居民生活之外的网红地标，而是成为日常体验中不可或缺的一部分，成为普通市民大众经过、停留并发生活动的场所。在就历史风貌与运营需求进行综合考量后，建筑师去芜存菁，选取了全部轨道以及月台与仓库中保存条件较好的部分保留体量，并注入开放社区所需求的新功能。

将场地东端面向大木桥路方向的三跨站房作为公寓门厅，构成沿街的连续城市界面。穿越历史建筑、导向租赁公寓电梯厅的路线是居民最为便利的归家路线，因而在交通空间之外，门厅内还布置了便利商业功能，并可根据需求举办艺术展览。历史建筑由此具有了社区门面的地标意义。更重要的是，社交、观展、购物等活动无需居民改变熟悉的路线，可以在日常生活的边角中发生。标志性的三跨屋顶随着历史建筑的更新与扩建覆盖了公寓楼向心围合的场地，透过面向场地内部的开窗时刻可见。南浦火车站所承载的历史记忆跨越百年，经由清晰的语汇转化为当下触手可及的记忆，又被传达给居民，历史建筑由此成为了居住体验的锚点。

精细设计实现历史建筑的新旧共生

改造过程中，对历史记忆的尊重渗透到了更加细微的尺度：老建筑的立面青砖得到保留并移位重建，木窗与雨棚等细部特征在新建建筑中重新演绎，铁轨、站钟与时刻表等保存或复刻的老物件构成了景观设计的中心元素，“站长小屋”咖啡厅的室内设计则重现了老站房的装饰。历史建筑的材料肌理得到了尊重——不仅老建筑的砖砌立面得到了保留，新建波浪屋面所采用的深灰色阿尔托金属瓦、浅灰色金属构件与仿木纹铝板也经过详细比选，追求贴近老材料的颜色纹理。暖通机电整合设计将灯具、消防喷淋与广播器的设备隐藏在吊顶当中，排烟井道被置于墙体内，从而保持历史的延续观感尽量少地受到现代元素的干扰。屋面形态的渐变手法延续到立面维度。移位后的车站局部从保留历史建筑原样的一个开间开始，经历了青砖到玻璃砖、旧瓦到金属瓦的渐变过渡，转化为可侧向折叠开启的玻璃立面，满足现代商业展示的通透性要求，以质感的渐变实现新与旧共生的肌理。

提资单位：goa大象设计

曹杨百禧公园
——钢铁绿蔓、潮漾秀谷

地点：上海市普陀区

南段望向环球港方向

***项目特征：**曹杨百禧公园所在的场地长近 1 千米，宽度介于 10 米和 15 米之间，前身为真如货运铁路支线，后改为曹杨铁路农贸、综合市场，如今被重新规划建设为一个全新、多层级、复合型步行体验式社区公园绿地。设计通过挖掘场地文脉、建构空间场景，得以重塑街道绿网、形成“长藤结瓜”般的南北贯穿的步行纽带，进一步拓展了曹杨社区的有机更新。作为政府部门牵头的民生实事，百禧公园汇聚了社区居委、社会组织、设计联盟和艺术家，各方一起充分合作，秉承“创新、协调、绿色、开放、共享”的发展理念，共同研究探索“共创机制、共商需求、共谋规划、共建社区、共评成效、共享成果”的空间和社区治理模式。作为 2021 年上海城市空间艺术季 (SUSAS)“15 分钟社区生活圈”主题展示范项目及核心展陈空间，在百禧公园举办的为期两个月的展览和一系列活动，成功重新唤起广大市民对曹杨社区的记忆和想象。*

民国 32 年 (1943 年)，内环联络铁路真西支线建成，笔直地连接了北端沪宁线的真如站和南端沪杭线的上海西站，全长 4015 千米。在 1948 年间短暂废弃后，新中国成立前夕 (1949 年 9 月 24 日) 重新修复通车。而百禧公园所处的近 1 千米的狭长用地正位于这条铁路线的南段。此后，随着上海城区的逐步发展和建设，工业原材料、产品在该线路上输送了近 48 年，至 1997 年 6 月 25 日正式停运。位于城市当中的这根长长的细线，也成为上海早期城市化进程中，留给这片土地最显著、最重要的时代特征与空间记忆。1998 年底，南段临曹杨路至兰溪路段被改建为曹杨铁路农贸市场。次年，临兰溪路至中山北路段则改建为曹杨铁路综合市场。市场相对自由地生长，在快速城市化进程中一个被遗忘的空间里野蛮生长出属于日常生活的场景体态。而这块用地本身的土地所属权、规划属性和用途转变的错配问题，也为它在 20 年之后的城市精细化治理中被拆除埋下了伏笔。

新中国成立初期，百禧公园所在的片区原为上海西北郊的城乡接合部地带。为满足当时上海的工业发展和激增的人口，上海市长陈毅在 1951 年成立了“工人住宅建筑委员会”，以苏联的工人新村为蓝本编制出《曹杨新村规划》，并指派时任上海民用建筑设计院院长汪定曾担任总建筑师。从菜农动迁到 1952 年首期建成，仅用了不到一年时间。汪定曾的最终方案在规划布局上明显有别于苏联模式。他采用了更为紧密的邻里单元，围绕住区布置了学校、礼堂、公园、市场等公共设施。同时，场地中原有的农耕水系 (环浜) 得以保留，结合新规划的曲线环形路网，形成实质上更接近于欧美花园城市模式的总体布局。随着示范区的成功和周边的发展，1952—1977 年，原来的一村已发展至九村，逐步形成了今天的格局与规模。自 20 世纪 80 年代起，为进一步解决住房紧缺问题，新村逐步增加了多层和高层住宅，但街道路网和环浜景观仍然被完整延续下来。而恰恰是基于这些保留下来的城市肌理和生活机能，作为新中国成立后首个工人新村的曹杨新村得以维系它的文脉和记忆。

原是铁路商品市场的百禧公园，周围充满曹杨社区的历史与地方风情，同时占据了极为特殊的线性物理空间。通过将其打造成一个立体的城市空间，公园的体验空间提升了两到三倍。将历史的“遗迹”重塑为迷人的、有无限可能的城市共生生活区，不断地体现新社区的魅力。公园以百禧为名，奏响时代主旋律; 唤起共鸣，重新构建工人社区的文化自信; 融入生活，谋划社区友好环境。

设计的切入点主要基于 3 个核心策略 :1) 通过高 – 中 – 低 3 个不同标高的步道和架空廊道创造出立体、多样、复合的人行路径和空间体验 ;2) 设计的主要思考从周边场地和建筑剖面的关系出发，先形成一系列剖面策略，再延伸到各段的平面策略，而非采用先平面、再剖面的常规做法 ;3) 通过模块化、体系化和标准化的建构逻辑，以及材料和细部构造的运用，来回应设计中发生的各种突发变化。

通过这次升级，场地得到了充分利用。所有半地下空间都有自然通风和自然采光。设计避免了制造过于沉重和能源消耗大的空间。在像上海这样的大都市中，资源稀缺，特别是在高密度社区中。通过这个设计，希望激活城市中的剩余空间，并发掘废弃空间的新潜力。设计关乎人们需求的满足，因为目标不是建筑物或空间，而是人。融入人文关怀的设计，甚至可以将典型社区中剩余的、怪异的、不被人欣赏的空间，打造成令人惊艳的高线公园。

建立可与社区居民协商的机制和范畴

曾经是铁路用地的景观基础设施，如何成为一个生长于社区的、在地化的“社区基础设施”？百禧公园的用地一开始是铁路线延伸出的交通基础设

轴测爆炸图

全景俯视图

施，与周边居民区并置而互无交集，之后迭代转变为融入日常生活的集市空间，到 2019 年末被拆除空置后作为露天停车场的过渡性消极空间，基础设施的遗留和再利用也直接影响了社区居民的日常体验和空间需求。在设计公园围墙的阶段，小区居民对围墙与公园互相连接的关系有不同的意见。对话的目标是针对公园边界的处理方式提出符合居民期望的设计方案。通过设计团队与街道办的调研和小区居民投票的方式，最终的围墙方案提供了菜单式的选项，以满足沿线 11 个小区各自不同的场地情况及对安全性、隐私性和方便性的要求。同济大学刘悦来老师在与主创建筑师的一次对谈中曾谈到："在参与的过程中，市民不光是消费这个空间，也成为空间的生产者。" 百禧公园的建设过程虽然未能采取学界近年倡导的参与式设计，但通过街道部门和设计团队的努力，仍然建立了一个可与社区居民协商的机制和范畴。

多策实现立体、多样、复合的公共活动空间体验

设计从回应场地的线性空间开始，北段曹杨路主入口通过沿街红线的退让形成了口袋状的城市客厅。迎面而来的高 - 中 - 低三线路径同时展开，高线可眺望，中线可游园，低线可观展，每隔 150 米左右设置的上下楼梯和坡道，则让三线交织的空间体验更为流畅而强烈。北段中部的舞台空间，结合位于东侧的开放大学社区广场，形成相互对望的关系。临中段兰溪路北侧置入的半下沉篮球场，成为公园内最受青少年欢迎的活动场地。位于兰溪路入口的原市场管理用房，通过艺术家的改造成为新的公园驿站，与居民楼相邻的一道老墙也被保留下来，同艺术家的灯光装置巧妙结合，成为一个带有场所记忆的社区空间。

相邻曹杨五村、六村的百禧公园南段，两侧最窄处尚不足 10 米，相比于北段场地更为紧缩，但两侧树木的长势更好，从小区传递出的生活气息也更为浓郁。靠沙田小学一侧的高线连廊为接送小孩上学的老人提供了等候和交流的场所。南段的艺术展廊一路延伸到最南端的内环高架边上，为未来可能的跨高架下的人行连接天桥预留出接口。

设计将高线步道高度限制在离地 3.8 米，整体行径路线亦设于远离民居的一侧，避免对紧临的低楼层居民造成视线干扰。较为宽敞的中线空间则由向上抬高 1.4 米及标高 ±0 的两部分构成，保留更大程度的开放空间。标高 -1 米的半地下低线空间为未来集市、展览、活动等提供了有遮蔽的可运营活动场地。

结合景观长廊设施满足居民需求的公共服务空间

全长 880 米的景观长廊被划分为南北两翼，聚合 10 组场景以满足聚集、活动、娱乐、休闲、运动等公共服务需求。立体长廊从核心向南北延展，串联社区活力，形成互不干扰又交错对话的多维立体空间。北端入口作为面向曹杨的城市客厅，将左右两侧的联农大厦、中桥大楼裙房纳入设计更新范围，使之围合地面，与云桥形成高低两层的入口广场，可行进、可远眺。中段跨越城市道路的双流线过街天桥整合了兰溪路两侧公园的步行体验，使得街道上的生活、熙熙攘攘的车流与行人共同组成了公园场景的一部分。而南端以环形廊桥连接左右的直线云桥，前后各有一棵朴树穿过云桥空隙，随着生长，枝叶相互缠绕，行经其中可碰触枝叶。设计希望尽可能地增加一些绿化，见缝插针地种一些树、一些草、一些花，让整个空间除了钢铁，也有绿意。

营造特色场景，构建活力社区

通过颜色的对撞展现社区朝气。色彩选择上，设计打样了十种颜色配比方案。最终选择了在云桥钢结构主体为银色的基调下，内侧喷涂橙色，希望通过颜色的对撞展现朝气。1.4 米标高以下的空间则有不同考虑。半地下空间的客观条件是狭窄、暗淡的，考虑到这一空间体验感的重要性高于颜色的统一性，设计选择了半地下室顶板的钢构以银白色为主，内侧喷涂黄色。这种银白色是一种珍珠白，银粉比例较大，与地面以上的银灰色不同。

通过拱棚塑造铁路月台的记忆。设计上有意识地在公园里创造了一系列连续的轻质拱棚架构，覆以遮阳膜。遮阳而非遮雨出于两点考虑：一是在线性的开放公园内重要的是感受自然；二是技术层面上，一旦选用遮雨的膜，就需要承受更多风荷载，无法在建造层面上凸显云桥与拱棚的轻与重的张力

北段底层开敞空间

对比。拱棚形式上的意义是勾起对铁路的记忆——曾经绿皮火车徐徐入月台的场景。重复的样式、变化的颜色，让拱棚有了给整个公园分区的意义——通过颜色可以简单地定位人的位置。

围墙同时承担边界与连接的使命。作为边界与连接的围墙，产生与社区和公共机构对话的作用。在百禧公园围墙方案的设计过程中，产生了不下十种墙与门的组合类型，设计师希望以不同类型的墙与门来尊重社区的意愿，通过与居民讨论、协商，共同设计公园与社区的连接与边界。有的社区选择实墙、选择不开门，另一些选择通透的钢构围墙，希望公园的绿色也能渗透到社区里来。

实施成效

百禧公园的设计目标是重塑和激活现存的狭长空间，亦作为 2021 年上海城市空间艺术季 (SUSAS)“15 分钟社区生活圈”主题展示范项目及核心展陈空间。鉴于过往的参展和策展经验，在百禧公园的施工初始阶段，相关领导便委派主创建筑师刘宇扬先生牵头曹杨板块百禧序厅的策展工作，同时兼任百禧公园主设计师和序厅展主策展人。由市规划局主导、近年来已成为上海最重要的城市文化事件之一的城市空间艺术季，其历届的选址和相关的展览、学术活动，在某种意义上已直接或间接推进了各区政府和市民对城市空间有机更新的认识和积极响应。而在 2016 年上海发布的全国首个《15 分钟社区生活圈规划导则》中以构建步行 15 分钟可达，宜居、宜业、宜游、宜养、宜学的城镇社区生活圈的理念，已在自 2020 年起由同济规划设计院周俭大师牵头的曹杨社区提升和上海园林设计院刘晓嫣院长负责的一系列景观微更新项目中得到充分体现。由此，曹杨社区也得以入选为 2021 年上海城市空间艺术季的两个主题展区之一。通过在百禧公园举办的为期两个月的展览和一系列活动，艺术季成功地让社区老百姓在开幕后的第一时间涌入这个场地中，重新唤起广大市民对曹杨社区的记忆和想象。从这个层面上，百禧公园的意义在于通过空间重构、事件激活和居民共享这三方面合力形成了一种新的在地化的“社区基础设施”，而非单纯的基础设施景观化。

■ 提资单位：刘宇扬建筑事务所

徐家汇体育公园
——体育空间焕新城市活力

地点：上海市徐汇区

鸟瞰

***项目特征：**徐家汇体育公园原名上海体育中心，筹建于20世纪60年代。2017年，在保留“一场两馆”以及东亚大厦等老建筑的基础上，对该区域进行重新规划及设计，将其打造成为开放的城市空间。整个项目历时6年，通过统一规划设计、场馆功能升级和户外环境改造，将该区域建设为“体育氛围浓厚、赛事举办一流、群众体育活跃、绿化空间宜人”的市级公共体育活动集聚区，成为卓越的体育赛事中心、活跃的大众体育乐园、经典的体育文化地标。如今，改造后的徐家汇体育公园占地近36万平方米，总建筑面积约30万平方米，已成为上海设施设备最齐全的体育文化聚集地之一。通过设计、管理、运营等多方共同努力，充分发挥体育公园的土地价值，持续为城市注入活力。*

徐家汇体育公园原名上海体育中心，位于徐家汇社区132街坊，筹建于20世纪60年代。其中，由上海院设计的上海体育馆、上海游泳馆、上海体育场这三座体育建筑分别代表了国内20世纪70年代、80年代、90年代体育建筑的最高水平，见证了早期的中国体育发展。然而，随着城市化发展，这一黄金地段体育中心的“黄金效益”有所减弱，已难以与当前体育经济的发展趋势匹配，升级改造势在必行。

2016年5月，上海市领导调研徐家汇体育公园时提出“要面向未来，站在更高的起点，让它重新焕发城市的功能，重新成为面向未来的新地标，既能够举办重要顶级国际赛事，又可以日常服务于广大市民的健身娱乐体育，成为体育公园”。作为备受关注的公共性项目，徐家汇体育公园在2016年7月9日启动的首届“上海城市设计挑战赛”中被选为四大项目之一，目标是打造高品质的体育公园，既能承办高水平的国际国内顶级赛事，又能成为市民健身休闲主要阵地。回顾设计初心，整个项目秉承尊重城市历史文脉，保留城市空间记忆的原则。在改造建设中，设计考虑“量体裁衣”“因地制宜”，对既有建筑内部空间进行匹配性改造，既满足于承办国际专业赛事的要求，又能兼顾全民健身的需求。而建筑外立面仍保留了原始外观风貌，延续原有造型元素。

徐家汇体育公园改造项目从2017年开始到2023年竣工，历时6年有余。整个项目统一规划设计，通过场馆功能升级和户外环境改造，将该区域建设为“体育氛围浓厚、赛事举办一流、群众体育活跃、绿化空间宜人”的市级公共体育活动集聚区，成为卓越的体育赛事中心、活跃的大众体育乐园、经典的体育文化地标。

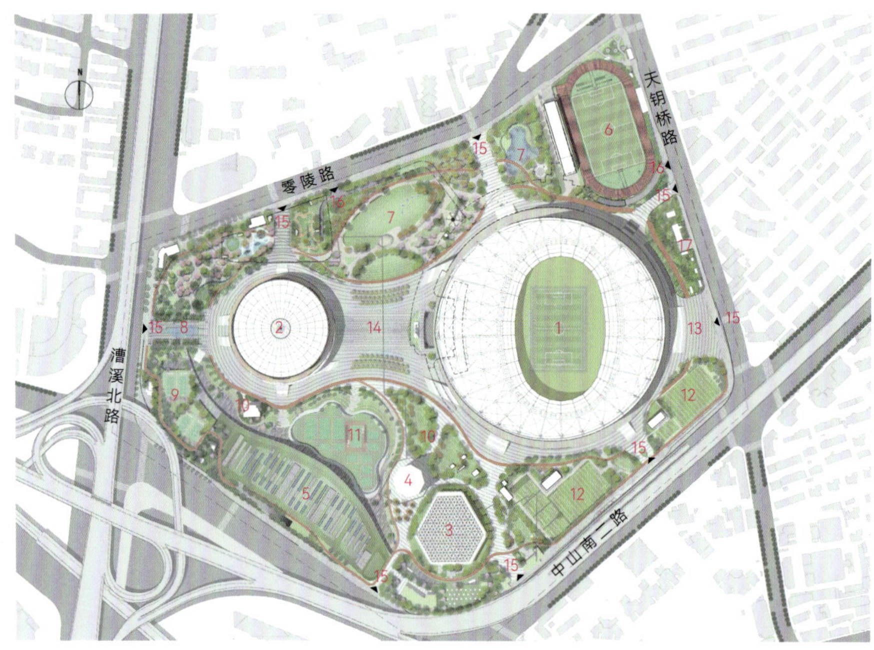

1 上海体育场
2 上海体育馆
3 上海游泳馆
4 东亚大厦
5 万体汇（新建体育综合馆）
6 足球训练场
7 有氧公园
8 西入口广场
9 网球公园
10 口袋花园
11 下沉篮球公园
12 足球公园
13 东入口广场
14 庆典广场
15 基地人行出入口
16 地下车库出入口
17 地铁站出入口广场

总平面图

规划引领，延续城市空间记忆，提升区域品质与活力

徐家汇体育公园是一处集综合性、专业性、开放性、公共性为一体的城市公共设施，统一的规划是保证有效运行、改善空间品质、提升区域活力的重要保障。项目围绕着“专业赛事轴”“有氧公园”和“运动公园”展开整体规划设计。项目将专业赛事与大众体育两大主体功能进行分区，保留现有两大场馆的主体布局，强化与西面华庭宾馆的空间连接，形成东西向的“专业赛事轴”，保留了本土的城市空间记忆；同时，东西轴线上的入口作为整个街坊的两个主入口，衬托两大场馆的建筑形象。专业赛事以外的空间作为大众体育公园区，项目通过对街区界面特性的梳理，减少对外部街区的干扰，围绕体育场、体育馆的专业赛事轴，将体育公园分为南北两大主题，北面为“有氧公园”，南面结合现有的市民游泳馆创造出一片“运动公园”，形成了“一轴两翼”的规划布局结构。

有氧公园基地北侧由滑板公园、景观公园、湿地公园、足球热身场及隔离绿带组成。有氧公园是一个植被丰富、充满活力的景观公园；湿地公园位于热身场西侧，一方面增加了市民的亲水机会，另一方面为热身场提供了一个惬意舒适的运动环境；绿化带靠近天钥桥路，承担着缓冲道路噪声及视线影响的用。运动公园由游泳馆区域、东亚大厦、综合体、4 片标准篮球场、8 片半篮球场以及包含 2 片七人制足球场和 5 片五人制足球场的足球公园组成，承担大众体育功能，为市民提供一个专业的室内体育运动空间和高参与度的室外篮球场和足球公园。两条环形跑道分别串联南北两大公园，外圈跑道联动城市界面，结合街坊改造设计，营造安全舒适的沿街步道；内圈跑道穿梭于绿化间，营造移步异景的跑步体验。项目突破建筑与景观的传统界限，突出空间流动性，做到建筑与景观的完美交互，让市民有良好的使用体验。

功能提升，打造顶级赛事主体门户，实现布局全民健身功能

上海体育场通过改造场地硬件，使得场地实现不同使用要求的切换，满足举办足球国际赛事的需

上海体育场内场（日景）

求；提升场馆声光电效果，使得场馆能够承载大型演唱会等顶级演出活动。建筑外立面延续原建筑的风格，对保留的钢桁架杆件进行翻新。利用新的建筑材料、构造和做法，整体更换装饰材料，对内部次钢结构进行加固和更换，使其既保留了原建筑的韵味，又不失现代建筑的精致感和时代感。

上海体育馆在“修旧如旧”的基础上，进行内部功能升级改造以满足时代需求，重点改造竞赛空间和观众席空间。看台区域全部拆除重建；建造不大于四分之一观众席的可伸缩和移动的看台；改造体育馆内部空间，使其具备拆分成两个或多个场馆的可能，提高利用效率，考虑在吊顶处增加可拆卸帷幕，实现对场馆空间的拆分利用。

对上海游泳馆内部空间进行改造，取消赛事功能，保留原跳水池部分的训练功能，整合现有标准游泳池、儿童游泳池等。内部拆除泳池两侧看台，增加休闲戏水池等设施和配套服务空间，形成一个综合性水上运动中心。外立面延续原有造型元素，替换部分玻璃幕墙，并在局部外墙增加阳极氧化板作为外装饰层。

在项目基地南侧还建设了一栋地下综合场馆——新建体育综合馆，其缓缓升起的屋面毫无违和感地融入周围环境的肌理之中。室内设置多个休闲运动主题场馆。

开放共享，塑造公园空间绿化体系，连接城市公共交通

塑造公园空间绿化体系，对现有绿地布局进行梳理与整合，将部分硬地改为绿地或运动场地。设置广场体系，包括庆典广场、疏散广场等不同广场空间，满足举办大型体育文化活动和庆典集会以及人群疏散等需求。公园内设置两条跑步环道。尽量控制新增地下车位数量，有效提高市民利用公共交通的自觉意愿，减少对私家车的依赖。设置充足的公园便利入口和通行廊道，进一步实现体育公园与地面公交站点和地铁站点的充分连接，提高直达性、无障碍性和舒适性。

绿色低碳，充分利用既有建筑条件，综合运用多项技术，提升绿色低碳性能

既有建筑利用：项目在保证安全的条件下最大化地保留利用旧体育场馆的结构和墙体，节约建材，减少建筑碳排放量。

LED 等级及智能光控系统：项目场地采用 LED 节能灯具，并利用智能照明控制系统，对前厅、商业等场所及建筑外立面、室外景观进行照明，通过定时控制、场景控制、现场编程开关控制、调光控制、感应控制等方式，适应不同场景的照明需求。

太阳能生活热水系统：项目采用太阳能生活热

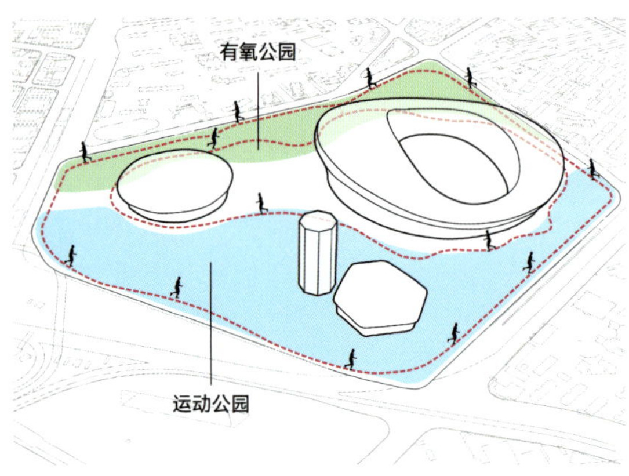

跑道串联公共空间

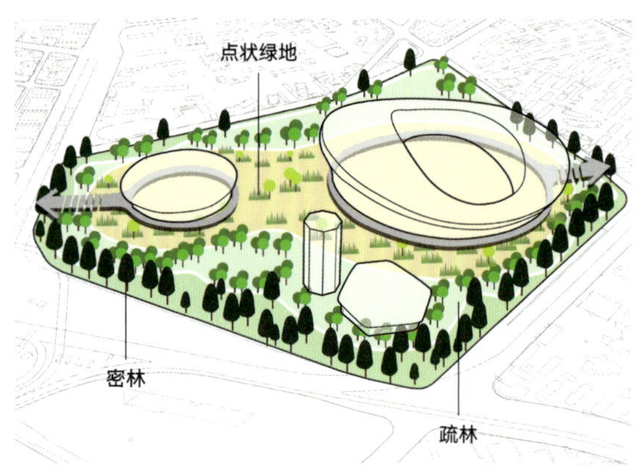

垂直景观层次

水系统，供给厨房餐厅生活热水的主要热源，减少对化石能源的依赖。

雨水回用系统：项目回收利用屋面及场地雨水用于绿化浇灌、道路浇洒和车库地面冲洗。

保留场地绿植：项目迁移保护场地原有树木等植被，并在场地改造后迁回，恢复场地生态环境。

海绵城市设施: 项目采用了硬质透水铺装地面、下凹式绿地、水体驳岸、旱溪、雨水调蓄池等措施，实现项目中海绵城市设施的适用性、功能性、经济性及景观效果。

“建、管、运”一体化的发展模式，助力项目高质高效实施落地

作为业主方，久事体育积极探索实践“建、管、运”一体化发展模式，切实承担起上海体育资源优化配置与重大体育设施建设运营的重要使命；而作为建设管理方，久事体育建设公司将高站位部署、高标准要求、高质量推进贯穿上海体育场项目的始终。整个过程中，久事体育建设公司全力抓好各项重点工作，以“精、准、实、时、效、度”为高标准、严要求，在其全方位协调统筹下，上海院作为上海体育场原创设计单位统筹各设计团队持续攻坚、全面推进，逐一落实了设计过程中的各项难点。随着各参建方的通力配合，项目最终得以圆满亮相。

上海体育场的目标为打造顶级赛事主题门户、运动社交体验平台。上海体育场进行具有国际专业化标准的体育赛场改造，同时预留空间承办大型企业活动、文艺演出、户外发布等城市级别活动。上海体育馆定位为“上海体育文化展示和创新竞演的标杆”，平时也可举办文化演艺活动，并可引进拳击、自由搏击、电子竞技等娱乐性、观赏性强的新兴体育赛事。上海游泳馆转型为“市民水上运动中心”和专业训练场所，保持原有游泳池、儿童泳池等功能，满足游泳、跳水等项目的专业训练需要。新建体育综合馆为市民的健康生活创造了一个汇合点。

提资单位：上海建筑设计研究院有限公司
HPP建筑事务所

上海体育场

下沉式篮球公园

新境地市民中心
——城市边缘空间的社区再生

地点：上海市宝山区

总体鸟瞰

***项目特征：**上海新境地·新二绿地 & 市民中心（党群服务中心 B 馆）原始基地为废弃货运站，是城市的工业遗迹，改造前作为临时的运动场地使用，但场地因为大面积硬质化而常常空置，逐渐成为被忽视的城市一角。因旧城区的发展，周边密集社区的居民希望能有休憩、社交、文化活动、健身锻炼等公共场地。这个被边缘化的空置地块因其独有的场地环境，拥有被改造的可能。该项目既是探索城市生活空间与工业遗存关系的一次实践，也是上海城市更新语境下的绿地与城市混合空间模式的一次创新尝试；是双碳 + 绿色低碳转型样板段，更是开启了上海 15 分钟生活圈的实践示范之路。项目到运营阶段时，区域已经焕然一新，成为一个充满活力和生机的社区中心。党群服务中心、社区食堂、亲子乐园和跑步道等多样化的便民设施吸引了大量的使用者，这个公园已经成为促进社区的交流和融合的纽带。*

在高密度的成熟社区，以可持续发展为目标的城市更新，要注重环境保护、资源节约及再利用，以及社会公平等问题，同时也要注重城市服务功能的最大化，为居民提供更好的生活和工作环境。

上海新境地 · 新二绿地 & 市民中心（以下简称新境地市民中心）位于高境镇中心新二路主干道一角，地块总占地面积 1.26 万平方米，空间狭长。地块立项改造之初，像多数城市更新项目一样，也面临着环境整治的难题：地块毗邻的货运铁路，原先为废弃的货运堆栈，土地早已完全硬化，后来分租用作仓储、物流、停车、宿舍等用途，环境灰暗、脏乱，安全隐患也多，身处闹市，却一幅城市边缘废地的模样。脏乱差的环境，严重影响了居民的生活质量和环境品质，整个场地亟须改变。同时场地内原有建筑的意义和价值也已经不能满足城市快速发展的需要，因此也都需要重新塑造。

挖掘地块潜力，实现功能价值最大化。由于高境镇土地资源紧张，当地希望这块地可以一地多用，空间功能最大化，以便满足社区居民提出的多种需求。设计借鉴国内外城市更新的先进经验，引入“城市触媒”这一概念，把这里变成全天候开放式公园，打造一个可阅读、可漫步、可感知的城市“慢行空间”。设置架空层、坡形步道、空中连廊、屋顶花园和观景台，拓展三维立体空间，减轻铁路对公园的噪音影响，同时提升狭长型场地的复合利用，将铁路旁的闲置荒地变成“高地公园”。350 米长的环形立体跑道串联起公园的一层和二层，沿着跑道，可以来到空中看台，能让不同身高的人看到火车经过的样子。

公园中还植入社区食堂，长者可以享受折扣，食堂的另一侧是咖啡吧，开门面向一个小花园，很多居民都喜欢来这里坐坐。除此之外，还有书吧、排练室、党群服务中心、社区营造服务中心等社区服务功能。同时预留了 7~8 个公共点位，可举办艺术展览、社区活动、文创集市等时段性活动，大大拓展了周边居民的休闲生活。作为“社区合伙人”的居民志愿者们也会在这里，和物业公司一起继续为大家服务。

城市更新，需要新境地市民中心这样的公共空间样本，探讨实践复合需求下的综合解题方案。上海新境地市民中心是包含城市记忆的“城市触媒”，具有城市空间再激活的意义，同时也将周边地区和该地区居民未来的社区中心串联成一个巨大的绿色城市空间。

前期策划——一体化工作营

项目前期策划阶段，项目组建景观、建筑、照明、施工图一体化工作营。对于城市复杂用地，从城市边缘的物理空间到绿地空间的规划，从边界划定到功能的混合探索，从产权界定到空间的融合，从用地红线到实际使用的突破，以及对于城区区域的思考与系统的提升方案，一体化工作营做了长期的深入的研究与分析，积极投身构建城市微观空间结构、探索与实践大城市更新背景下的城市绿地空间再开发之路。

该项目既是探索城市生活空间与工业遗存关系的一次实践，也是北上海城市更新语境下的绿地与城市混合空间模式的一次创新尝试。

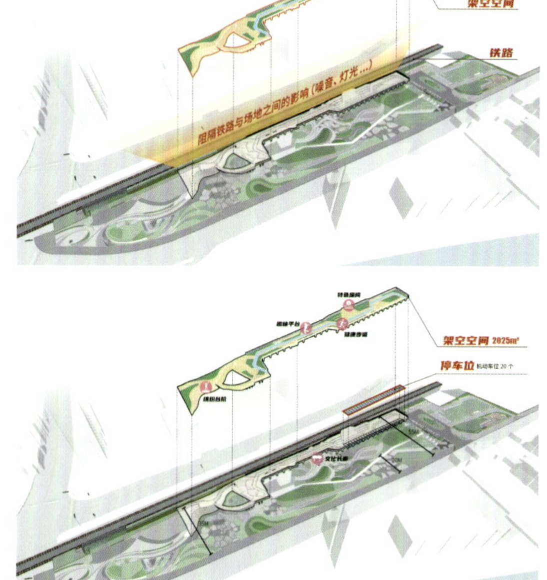

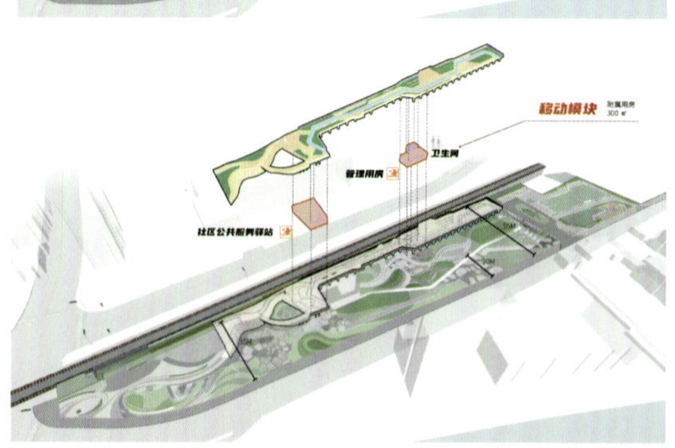

空间构思分析图（与铁路交接界面）

政策推广及城市贡献——公共生活空间的绿色靠枕

1.“公园 +”复合型城市功能空间

为全面实施《上海市城市更新条例》，有序推进城市更新行动，推动城市高质量发展，创造高品质生活，实现高效能治理，坚持践行“人民城市人民建，人民城市为人民”的重要理念，项目在设计中充分遵循“民生为先，品质为重”的理念，坚持集约型、内涵式、绿色低碳的理念，创建“公园 + 党建、公园 + 生活、公园 + 生态”的理念，让项目成为党群交流、休憩漫步、文化社交、身体锻炼和社区活动的优质场地，并通过功能的互补与联动，整体提升城市品质，不断提升人民群众的获得感、幸福感和安全感。

2. 双碳 + 绿色低碳转型样板段

项目场地原来是货运的堆场，是硬质化的场地，为响应宝山区“绿色低碳转型样板段”目标，项目将场地改造成城市混合型的立体公园。场地紧邻一条货运铁路，立体化公园的建成屏蔽了工业遗存（铁路）的噪声，减轻了对于城市形象的干扰和影响。公园的绿化能提高固碳效能，改善了周边的生态环境。作为城市的海绵单元，公园减轻了周边市政管网的雨洪压力。同时在绿地空间的可呼吸、可渗透方面，公园修复了破碎的地表生境，让裸露及硬化的土地重新自由呼吸。对公园内草坪、植被和广场的不透水铺装比的控制，有效提升了场地的渗透率，实现自然积存、自然渗透、自然净化的海绵城市发展机制。

3. 助力营造“15 分钟社区生活圈”

针对居民对于高境镇公共活动空间和社区服务的需求，响应“15 分钟社区生活圈”的建设倡议，项目不仅通过场地资源再利用、开放式设计、智慧技术等将此处打造为综合性的、日夜可游的活力市民公园，还在公园南侧设计社区党群服务中心 B 馆，围绕居民、新就业群体等不同人群的需求，提供高品质的阅读空间、文艺空间、综合工作坊、社区综合服务空间、社区产业孵化空间等内容，为居民宜居、宜业的需求提供了丰富的选择。同时，还预留

鸟瞰

出部分空间作为社区“收纳器”，提供如艺术展览、社区活动、文创集市等临时性功能服务。丰富的功能设置共同构筑了党群阵地和全时段全年龄友好共融新空间，也为北上海“15 分钟社区生活圈”的营造提供了新思路。

4.“以小见大”——V 字型生长空间

设计剖析用地现状，以“以小见大”为主基调，积极回应周边居民的空间诉求，开启城市绿地的复合性再开发之路。在整体策略中，为促成绿地空间与保留建筑的共生，设计以 V 字形抬起场地的方法，使场地的南端成为进入公园的“特色甬道”，场地的北端释放出“南向的草坡”，构筑绿色向两边保留建筑的无限生长，使得绿地与建筑连接为一体。在 V 字形绿地空间内，空间的呈现逻辑遵从有序到有机的发展过渡，线性的路径体验从几何空间发展到曲线空间。

5.“特色甬道”——特色空间

为了进一步呼应场地肌理转译，设计在进入绿地的“特色甬道”立面呈现中，采用高品质流水面花岗岩，并人工凿出自然肌理，构建绿地的自然基石，营造人们可触及的近人尺度。

6.“有记忆的混凝土”——新型材料的应用

南端建筑外立面材料采用定制化外挂竹模混凝土板和艺术漆的双重结合，使混凝土肌理的厚重感与建筑造型“悬浮”在空中的既视感产生碰撞。

有生命力的竹子肌理对撞原本基地的混凝土记忆，艺术漆则沿用上海传统里弄外墙肌理处理手法，增添市民中心的情感记忆。两种立面材料和建筑形体完美结合，形成围合的建筑空间，并诉说着不同的建筑语言。

二层运动区

设计创新——城市工业血管的“软化剂”

1.“构场所精神的市民中心”——公园的起点

作为整个绿色地带的主入口广场，设计以打造“公园＋新业态”的公园城市建设典范为宗旨，运用现代化、富含科技感的手法，构筑地标性绿色地带。

原先的建筑作是一个独立的个体，通过设计手法，使它承担更多空间与空间的连接纽带作用。由于建造的合理性需求，老的建筑首先需要被围合。设计从建造的时序出发，将地表上的自然状态抽象成建筑最初被围合的表皮空间，折叠、扭转，严谨地将老的建筑包裹起来。表皮由内、外两个界面构成，在旋转的过程中，内和外的空间可以相互转换，微错位的方式使得光凭表皮本身就可以呈现出接近自然的微妙变化。建筑从原先的形态，经过消解一层空间，打造三维立体动线，重构第五立面，最后经过外表皮的重新包裹，完成“重生”的过程。

屋顶的路径重塑了原本场地的公共空间，与建筑底部穿透式的路径，串联起原本被建筑切割的支离破碎的城市空间。新的形体是对城市开放公共空间的一种积极的重塑。为将尽可能多的空间焕活成为公园活动的延展界面，设计将第五立面的屋顶，视作公园界面延伸与放大，以激活原本消极的城市空间，释放出一个能够停留和放松的场所。

屋顶叠起的层次，将天窗巧妙地镶嵌其中，在屋顶的表层空间中成为屋顶花园剧场的自然起坡座椅区，在内部展陈空间中则成为重要的光线来源。未来内部空间中的展览和活动事件可以用不同的方式和光线互动，形成新的空间体验。

2.“桥”的引入——独有空间的复合利用

考虑到狭长用地的线性条件以及货运铁路对用地长边的干扰，设计思考公园立体复合设计的可能性，在靠近铁路的一侧，设计一座“桥”，作为城市工业血管的“软化剂”，连接绿地与铁路，有效阻隔铁路对场地的噪声、灯光等影响；同时增加了公园的使用面积，形成独有空间的复合利用，打造出乐活安逸的城市客厅。

一层释放出来的“桥”下架空空间，除了可高效融入文化长廊、停车空间、附属用房等服务配套功能，提供轻食、咖啡、书吧等服务，还可预留出部分空间作为社区“收纳器”。

南向草坡

实施成效

项目到运营阶段时，区域已经焕然一新，成为一个充满活力和生机的社区中心。娱乐场地、花园和跑步道等多样化的便民设施引来了大量的使用者，从附近住区里跑出来玩耍的孩子，到举办家庭野餐的居民，再到在跑道上挥洒汗水的运动爱好者，每个人都能在这里找到自己喜欢的活动。这个公园已经不再是一片简单的绿地，而是将人们聚集在一起、促进社区的交流和融合的纽带。

1. 新境地 · 党群服务中心 B 馆

新境地 · 党群服务中心 B 馆共两层，总建筑面积 1029 平方米。党群 B 馆引入第三方运营，党群服务融合文化活动，实行 365 天全天候服务、全人群覆盖，发挥党建引领基层治理的作用，融合各职能部门成为高境镇推进社区治理的项目训练营、实践基地和工作站点，打造全龄全时服务的温馨家园。

2. 开在公园里的“境享”社区食堂

常规的社区食堂沿街而建或是位于室内，“境享”餐厅则整体坐落在公园里，不仅有室内用餐区，还有外摆。同时设立便民早餐窗口和咖啡角——境享 · 霞霞浓，为居民提供咖啡、甜品。一旁还设有花卉角，为空间增添亮色。

3. 境享 · 社区营造服务中心

社区营造服务中心是一个集养老服务、未成年照护、社工服务、社会组织孵化等功能于一体的社区服务综合体，致力于与社区双向联动，营造居民爱去、活动有趣、欢乐相聚的社区空间。

4. 廊桥下的亲子乐园

设计引入“1 米高度看城市”的儿童视角，保障和推进户外公共空间的适儿化。花镜植物组团修饰边界，彩色塑胶地垫铺设出安全的活动空间，弹跳蹦床、多功能运动爬架等器械让孩子们于动静之中自在启蒙，提高身体机能。

■ 提资单位：上海尤安建筑设计股份有限公司

苏州河武宁路桥下驿站
——城市消极空间的活化利用

地点：上海市普陀区

驿站路南一侧

***项目特征：**驿站作为小型公共设施，能够将景观基础设施和公众日常生活紧密联系在一起。武宁路桥下驿站利用河湾部分的边角空间，用轻型快速的建造方式实现了城市转角的日常生活基础设施功能。驿站虽小，但是连接了社区、各个阶层的市民交往及日常生活。在投入使用后，不同社群、市民个人自发参与到空间使用中来。在 2022 年的特殊时期，苏州河武宁路桥下驿站成了快递员的庇护所，也见证了由微观出发的自组织式的城市更新。武宁路桥下驿站是对于进一步盘活城市空间资源、活化消极空间、塑造向社区倾斜的公共空间的主动回应，也体现了在城市更新语境下，基础设施功能复合化与空间协同化对于日常生活的支持作用和公共性提升的触媒作用，是对如何激活城市大量存在的高架桥下等多类消极空间的优秀范例。*

苏州河流经普陀区的 14 千米河道，留下了两岸 21 千米河湾密布的优美岸线。这段岸线是我国近现代民族工业的发祥地之一，中国最早的纺织、面粉、火柴、化工等民族工业在这里崛起。先期的苏州河普陀段公共空间贯通规划中沿线布点了 25 处驿站。由于用地条件复杂，先期挑选了三个分别位于河湾口的驿站作为试点示范，其中一个便是位于武宁路桥北桥洞下的武宁路桥下驿站。这个桥下点位的选择显示了随着上海近年来城市更新工作的深入推进，亟需进一步盘活城市空间资源，活化消极空间，塑造向社区倾斜的公共空间。武宁路桥始建于 1956 年，初建时为钢筋混泥土单臂悬三孔桥梁，中孔一跨过河，边孔跨光复西路呈立交形。1967 年武宁路桥完成了第一次拓宽，下部结构利用老的桥墩。2000 年武宁路桥迎来第二次拓宽，为新建三跨钢箱连续梁桥。2008 年为迎接世博会，仿照巴黎塞纳河上亚历山大三世桥的风格对桥体进行了景观改造，两岸高达 27 米的爱奥尼亚式组合柱式桥头堡成为特定时代的城建烙印。目前武宁路桥北两侧大部分还是老旧小区，环境与人群比较复杂。

武宁路桥下原本环境不佳，穿桥洞而过的光复西路虽然交通量不大，但桥洞里噪声不小，桥上武宁路的繁忙车流不时带来振动感。桥洞内场地局促，驿站的可建范围仅道路两侧人行道之外两三米深、二三十米长的狭小场地，且路北场地还是一整段护坡。除了如何以极小组件安排苏河驿站功能菜单中的那些标配的公共卫生间、24 小时服务设施和公共休息室之外，还希望把空间更多地留给那些开放的、可变的、容纳自主活动的使用方式，以便于在这样一个不是特别怡人的环境中创造一种新的让人们接受的氛围。

路北侧顺应原有护坡，改造为一个开放的阶梯式“城市看台”，在两端预留了作为休息室或道班房的两个小房间，架在坡上稍高于路面，并在其长窗下沿着木铺装人行道设置了座椅。路南侧紧贴防汛墙和桥墩，在两端分别布置卫生间和自动售卖机、储物柜等服务设施，中间与城市看台相对的是一个“迷你展厅”。展厅沿路界面都是可开可合的立轴旋转的门式展墙，既能灵活展示，又能以不同的开闭姿态将自身定义为一个可变舞台，与对面的看台一起成为桥下剧场。

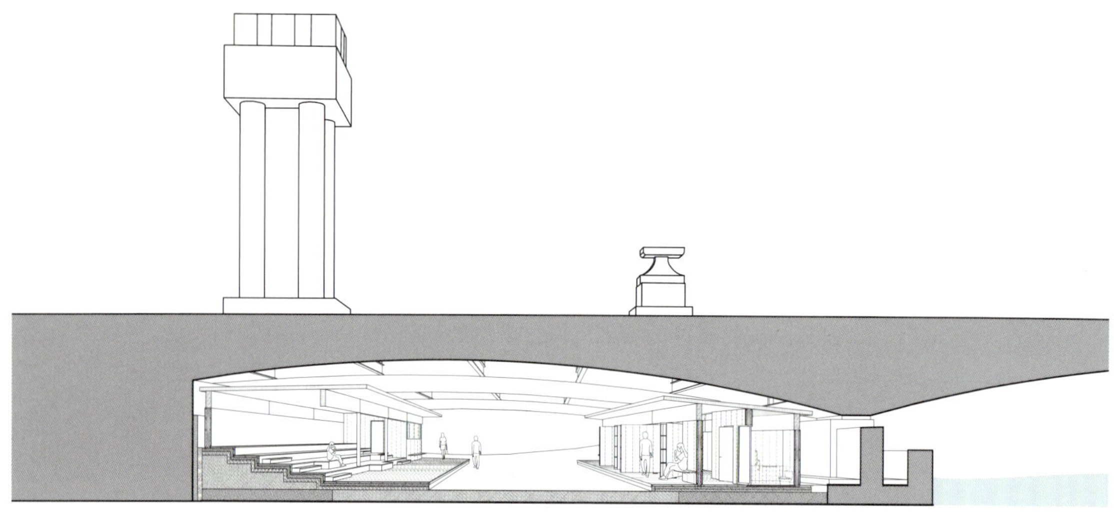

剖视图

苏州河武宁路桥下驿站夜景

城市更新，全社会的支持与合作

桥下驿站的方案能够被实施，其实依靠的是多部门、多专业不断协调磨合、凝聚共识，直至克服各种困难和限制才能达成的。方案讨论阶段，由于驿站位于地铁 14 号线的安全保护范围内，区建管委牵头与地铁运营方申通集团从建设可能性到审查通过都进行了多轮沟通；同时，驿站距离防汛墙仅 1 米，在与水务部门沟通协调下，驿站结构需在尽可能轻量化的前提下与防汛墙共存。建设实施阶段，桥下施工作业面狭小，无法使用大型机械，且不能影响交通；加之上有桥梁结构，下有物探后的复杂管线，对桥梁结构的安全、日常维护检修的影响都需要在实施前和实施中反复评估。

综合考虑后，钢木混合的胶合木轻型建造系统成为适宜选择，有不开挖基础、控制构件尺度、便于简单快速施工等优点。由此，方案能在冷峻灰暗的桥洞下植入两条温暖明亮的木质体量，形成了桥洞道路两侧友好宜人的新界面。

设计师和政府部门通力合作，将驿站空间打造得安全、宜人，而运营维护则得益于全社会的支持。

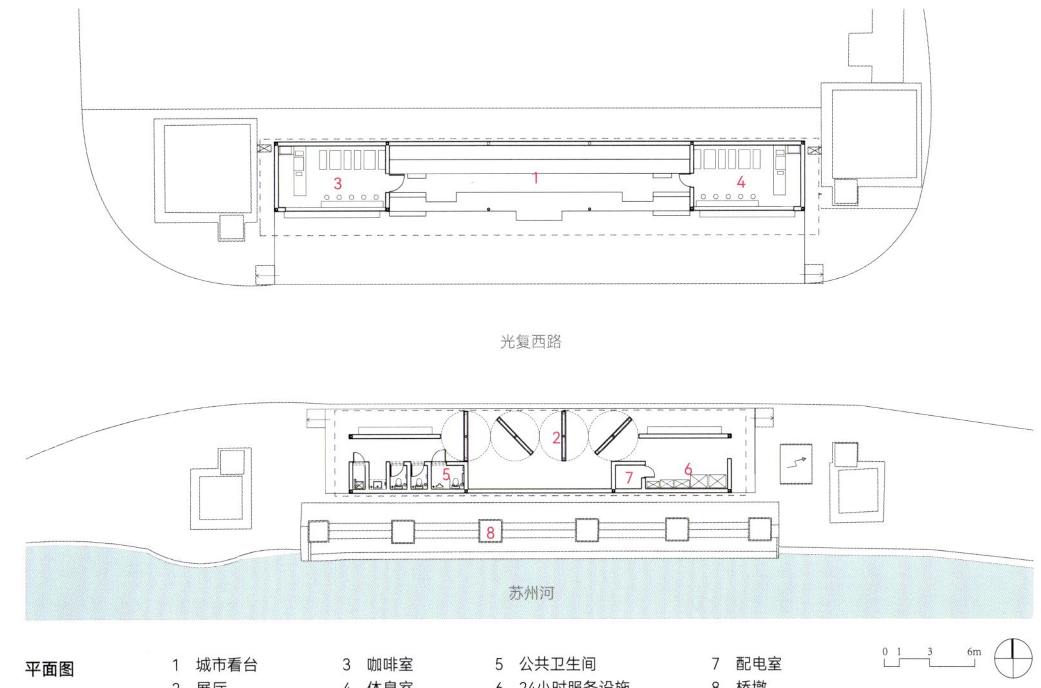

平面图
1 城市看台
2 展厅
3 咖啡室
4 休息室
5 公共卫生间
6 24小时服务设施
7 配电室
8 桥墩

在驿站落成的同时，木业施工团队中的有心人看中了自己经手建成的这个特殊场所，在城市看台西端的小房间内迅速开出了一家咖啡馆，多少带有一些培育和非盈利性质，也缓解了政府方对于如何尽快运营这个微小空间的压力。刚开始没什么人气，在随后的半年中，慢慢地聚集了一些人，包括周边的中老年居民、年轻人、外国人等。更有意思的是，一些城市亚文化群体也“发现”了这个特别的场地，陆续慕名而来。落成后一两个月有某个社群团体就在驿站的城市看台里做了非洲鼓的分享会；还有一个户外探索的俱乐部，喜欢在城市里寻找各种非主流的特别空间做线下活动，也挑中了这里来聚会，还把他们的户外探索照片张贴在咖啡馆里；附近有栋青年公寓聚集了不少年轻的外国人，也有一些经常在咖啡馆约朋友聊天或者工作。这个小小的驿站，经历了从无到有的过程，同时在日常的城市生活中也体验到了社会多元活力共建共创的可观能量。桥下驿站的环境并不是没有先天瑕疵，但这个有瑕疵的特殊空间激活了原本废弃的空间，让有兴趣的人可以参与利用起来。

从日常到紧急，作为公共性“出口”的驿站

驿站的基本功能一般包括公共卫生间，自动售卖机、直饮水、出租雨伞 / 储物柜 / 充电器等 24 小时服务设施，以及可以容纳阅读、展览、分享、休闲等多功能、多场景的公共空间。驿站虽小，但是它们连接了社区、各个阶层市民的日常交往，成为一种日常生活基础设施，目的是对公共生活提供日常支持，创造人与人的连接，并通过与不同社会利益群体的合作来增进公共性。驿站不靠夺目的外在形象来吸引关注，而是以良好的性能与品质来提供公共服务，润物细无声地回应生活中的诗意，怀抱着社会关怀的态度来探索驿站在城市中的不同可能性。

武宁路桥下驿站不仅为周边市民提供了 15 分钟生活圈服务，更是充满了人性、温情的空间。在方案讨论时，有部门担心桥下空间改造后会成为流浪者的露营地，但是区政府的态度非常明确和坚决：上海在迈向精耕化的全球城市的过程中，设计师有责任去创造更有温度的空间，任何群体和个人都是城市的组成部分，都应该给予关怀。这是政府部门

在用实际态度和实际行动，回应“人民城市”的理念。也是这种开放的胸怀和面向未来的态度，让驿站与众不同。

驿站这样的微型日常生活基础设施，不论是政府主导资源嫁接、开放利用，还是自发地、非正规地被民众和特殊群体所利用，都体现了城市空间的一种可能的关怀，也就是在日常和紧急情况下，大家能够通过不同个体的自主性和互助性把它利用起来。在日常状态下，这个桥下驿站是和社群、社区有关的日常聚集空间；在紧急情况下，又是有需要的特殊群体的临时自发驻留场所，这些都展示出这样的日常公共空间的潜力。

将日常性的空间实践作为一种空间权利

空间的本质其实关乎人的权利，关乎人的定居与连接，它应该兼具包容与开放。城市的活力其实就隐含于人们的日常生活网络之中，隐含于城市空间对于共同生活的尊重与支持之中。公共空间之所以重要，是因为它承载了城市作为人们自由交往的场所的基本属性，即城市应该鼓励自由、多元和思想的创新。由此而言，公共空间的品质不仅在于具象的外表，更重要的是它包容丰富的城市生活和承载公共性特征，它不仅适用于宏大的庆典模式，更而且能够兼容日常生活以及对于不同人群的开放与尊重。

从城市研究和驿站实践的众多案例中，见证了在公共资源无法有效覆盖的特定历史条件下，人们依靠个人、社群及机构间动态的冲突与合作，通过日常性的空间实践（建造 / 使用）维系日常生活的可持续性。通过洞察上海这座城市的空间底色与基因，我们得以以空间权利来理解“上海性”的精髓所在。在城市渐进式的自我更新中，在保证公共利

路北的城市看台

益的前提下，社区民众在日常生活中自发地、非正规地以临时性和创造性的方式再利用现有城市空间所附带的城市夹缝和盲点，自下而上地完成各种形式的空间生产，是城市空间被民众的日常生活所接纳和消化的重要途径，也是空间专业工作者可以参与的一个社会进程。

实施成效

为响应“人民城市人民建，人民城市为人民，以人民为中心推动城市发展”的理念，项目通过建筑手段推进社会公平，践行人文关怀。武宁路桥下驿站的更新实践引发了各个媒体的关注，中央电视台、《新民周刊》、《三联生活周刊》、东方广播电台等媒体纷纷报道。

■ 提资单位：致正建筑工作室

· 苏河湾万象天地——城市设计与商业规划有机整合的城市峡谷

· 今潮 8 弄——海派文化体验场

· 鸿寿坊——“精致烟火气”的里弄创新社区

· 田子坊画家楼——城市历史街区的迭代更新

· 冷江雨巷西街——有机更新发展模式探索

商业空间

COMMERCIAL SPACE

苏河湾万象天地
——城市设计与商业规划有机整合的城市峡谷

地点：上海市静安区

鸟瞰

***项目特征：**苏河湾万象天地地处岸线蜿蜒、中西文化汇集的苏州河河口。项目以“城市峡谷”作为设计概念的主线，利用城市更新的契机，城市决策和开发者有前瞻意识地推动了城市设计与商业规划的有机整合、竖向对位，实现城市市政基础设施轨道交通、文保建筑、商办塔楼与公共绿地、商业的一体化布局。历时6年的项目设计的全过程展现了“总体设计”的理念，设计挑战了常规的地面城市公园、地下商业综合体的设计模式，以多维立体形态的城市峡谷、24小时全公共开放空间的属性，贯通地面层和地下一层、地下二层的露天通高空间，从理念和策略上响应了包括地铁换乘、公园漫游、路径穿越、商业消费在内的多种多样的城市需求，开创了先河，使本项目成为上海建设提升“一江一河”，打造世界级滨水示范地的重要城市空间载体。*

苏河湾万象天地坐落于约4.2万平方米的城市绿地中，按规划设计条件，地面建筑包含保护性修复的历史里弄组群“慎余里”、上海历史上唯一一座官制的妈祖庙“天后宫”。苏河湾地区的规划开发表明了当地政府计划缝合苏州河两岸、重振苏州河北岸地区的前瞻性眼光，而该区域作为上海过去、现在和未来的交汇点具有极重要的意义。本项目设计的切入点在于连接苏州河两岸与腹地，旨在丰富滨水地区的功能复合度并提升土地集约价值。

基于项目整体设计的思考，设计团队打造了一座“城市峡谷”。两层地下商业空间嵌入“峡谷”之中，“峡谷洞口”的边缘通过层层退台的地景设计与地面绿地相连。除了一座新建的四层入口建筑外，该项目最重要、最整合性的要素是地面绿地本身。绿地的植入为这个曾经被忽视的城市角落注入了盎然绿意和鲜明色彩。地面上设置了6个“峡谷洞口”，使公共绿地与商业空间互为风景。

从城市角度看，公共绿地和城市商业历来都是城市公共生活的有机组成部分。公园和商业中心都具有城市性，其使用群体互相重叠——新的城市功能需要两种活动的相互作用。

“创造苏河水岸联系”是工作伊始最重要的要求。代表苏河湾形象且充满活力的城市地标空间，应该建构在“联系”的基础之上，而不是与城市割裂。商业空间应是开放的城市水岸的一部分，是城市活力的发源地；与之对应地，公园绿地增加了商业综合体的使用频率状态，并集成了所有支持系统运转的公共服务功能。

一个融合滨水公共空间绿地、市政基础设施、商业开发的综合空间，项目从城市整体到工程实现层面的整体构思，采用总体设计，统合城市与工程两大导向，是应对大型复杂项目的有效思路。系统的总体设计方法，可以突破传统商业建筑和公园的行业壁垒，进行系统性的城市功能与空间统理，实现功能优先、体验为上、综合运营。

本项目总体设计包含初始构思、运营验证、实施设计和场景实现4个基础工作模块，贯穿计划、设计、建设、运营全过程。

初始构思：城市峡谷概念

初始构思的出发点是项目基地与城市如何建立联系、建立何种开放空间网络的问题。不同于单一平面维度的城市设计构思，支撑初始构思方向设定的维度必须是多元的，尤其需要足够深的技术维度；通过全面的基础研究，以实现平面形式与竖向空间的协调。

在多轮“概念落位空间”的设计验证下，“城市峡谷、环型整合”的概念逐渐清晰。一个向西可达地铁站、向北跨天潼路、向南联系苏州河的环型展开的“城市峡谷”系统得以呈现，同时贯通地面层和地下一层、地下二层的露天通高空间在横向和纵向两个维度上串联起整个公园，形成峡谷式的立体功能分区。

在城市峡谷的形态下，依地块划分后的适宜尺度，建立了 6 个峡谷洞口。其中 3 个分布在西侧地块，另外 3 个分布在东侧地块。这 6 个洞口不仅充当下沉式广场，也是防火单元的划分边界。通过对 6 个洞口空间有机布局、消防单元尺度的适宜划分，贯穿东西两区的公园综合体的“脊椎”就此形成。

在初始概念阶段，这些峡谷洞口是规则的几何多边形；后续实施设计中，这些多边形逐渐演化为更加符合现代商业审美的水滴形。

运营验证：商业公园3层立体动线

众所周知，商业建筑是公共建筑类型中比较特殊的一类，原因在于业主招商部门在方案早期阶段即参与工作，会对设计提出近乎严苛的运营要求。

总平面图

系统的招商运营规则全方位地影响着建筑平面、剖面的布局。设计核心“城市谷”24 小时向公共开放空间，解决包括地铁换乘、公园漫游、路径穿越、商业消费在内的多种多样的使用需求，连续且网络化的步行系统是商业得以延伸拓展的得力平台。这样的概念虽受到招商部门的欢迎，但也在相当程度上挑战了既有的商业思维定势。

总体设计以 3 层立体步行系统的方式展开，将商业街区回游动线与公园休闲动线结合，通过不同高度空间的叠加形成一个多通道、多出入口的城市场所。

公园动线包括地面层公园漫游路、地上天桥层观景平台；商业动线包括地下一层街区动线、地下二层商业大通道。公园动线中位于地面层的 0 米层为公园漫游路，而位于地面层的 +5 米层为天桥层，是重要的滨水活动和观景层。商业动线中，地下二层为商业主动线层，东起山西北路地铁站地下交通厅（在建），经东主广场、东次广场，下穿福建北路地下连通道，再串起西次广场、西主广场，经慎余里地下商业区后分别抵达沿天潼路主入口和沿浙江北路入口。它把地下空间开发有机地结合起来，形成完整、通畅的地下空间体系并使地上地下的功能相互补充、相互依托，最大限度地满足人的需求。商业次要动线层位于地下一层（-7.5 米），由东、西街区 44、46 地块分别组织，是连接地下二层和地面入口的交通转换层。

设计创造了一系列人工地形，蜿蜒的线性天桥为南侧在建的苏州河水上码头预留出步行系统的接口，项目内部的步行系统最终将与城市滨水步行系统连为一体。绵延 800 米的峡谷形商业通道仿佛地下城四通八达的街道，而绿树成荫的公园里又隐藏着现代商业。

实施设计：功能与空间体系的动态建构

“城市峡谷”概念获得决策层认同的一大原因是能够统筹两侧防火单元，节约设置地下车库出入口、消防疏散楼梯、地下空间设备出口等基础空间，大大减少了设备面积，集约土地空间。“峡谷洞口”

鸟瞰

入口

作为公共空间的构型研究是承上启下的重要环节，构型的优劣在很大程度上决定了设计的成功与否。项目实施设计需要在动态维度下选择峡谷洞口大小和构型的最优解，同步关注功能空间设置、消防疏散、空间形象品质三者的平衡:1) 功能空间设置方面，考虑总体平面各类交通动线、基本功能业态、设施设备等功能空间设置要求;2) 消防疏散方面，考虑防火单元划分、消防洞口的基本要求，以及自动扶梯、坡道、电梯等垂直疏散节点的位置与形式;3) 空间形象品质方面，考虑洞口大小和构形，它们既影响地面和地下层立体步行系统的连续性，也影响动态变化的空间和视觉感受。

针对政府审批中特别关注的要点，设计要完成对地面公园面积、地下商业面积以及峡谷洞口面积这 3 个变量的理性测算，以论证总体设计，推动项目批复。动态关系体现在当洞口尺寸扩大时，地下空间的采光品质提高，新风设备、消防疏散空间等则随之减少；当洞口大小超过一定限度时，地面步行连续性降低，地下商业运营受限。具体的洞口大小要基于功能空间的计算结果，通过方案试做构型比较，分析比选因素，得出最优的洞口大小、构型，根据建筑结构的自然断继或防火单元分区，理出清晰的公共空间和商业运营界面，指导项目总体设计报批和商业空间的深化设计。

场景实现：融合历史遗产与商业创意

本项目地处中西文化汇集的苏河湾核心地区，总体设计的重要课题是历史建筑和商业街区的形式语言协调策略。慎余里和天后宫代表了整个基地曾经存在的历史遗产，对它们的复建很有意义，但历史上的拆除工程使它们失去了原有的里弄环境背景，复建需要从理念和策略层面将它们重新融入整片“城市峡谷”空间，对这两处历史遗产及其景观环境进行现代化的表达和演绎。

总体设计以总体平面、总体剖面设计为基本工具，进行三维线位控制，以约束和指导后续各顾问单位的实施设计。

1) 总平面轴线的对位关系。该项目最重要、最整合性的要素是“城市峡谷”，这个大型公共空间颠覆了常规的地面城市广场的概念，在三维的空间中引入绿化、阳光，营造出满眼皆绿的视觉效果和闹中取静的城市体验。总体设计将洞口自动扶梯轴线与历史建筑轴线相对，通过扶梯自地下空间抬升至地面的过程中，慎余里的主侧面、天后宫的戏台就在视线范围内。轴线对位以可感知的方式限定了人行路线与洞口曲线、历史建筑主景的关系，形成城市新老建筑的对话。

2) 地上地下结构的对位关系。为了加强历史建筑的现代表达，总体设计将位于慎余里和天后宫正下方的商业空间与位于地面层的历史建筑，在空间结构上进行对位“咬合”设计，地下空间是地上建筑的延伸，与慎余里和天后宫有着相同的尺度与布局。地下公共中庭室内设计从传统里弄住宅结构中提取元素，天光透入的玻璃顶囱与轻巧的椽木吊顶相结合，将公共空间完整地结合为空间与技术的统一体。

3) 场地景观对历史建筑的呼应。总体设计采用矩阵式、几何感较强的景观语言，与自由的公园曲线景观形成对比。地下商业入口采用简洁的雨棚与玻璃天窗设计，其水平向的线条和合宜的建筑材料，与历史建筑组群在美学上相统一。

结语：城市的峡谷，多维的空间

面对上海超大城市的生态约束、高度建成的城市复杂基底，苏河湾项目的出发点是反思如何使商业空间更好地融入城市，使传统的城市绿地更具现代品质。在政府和开发业主、设计团队的协力推进下，地铁交通中心、商务塔楼、城市绿地和商业中心在5万平方米的土地上实现了综合一体化开发，正在成为有独特辨识度、带动创新经济场景的苏州河滨水地区新节点。

项目设计历时6年，全过程展现了“总体设计”的理念。全新的“城市峡谷”城市系统观只有借助完善的工程策略才能达成高效美好的开发成果，总体设计是对职业建筑师团队最大的挑战。项目最终以多维形态的“城市峡谷”，拓展了商业空间和绿地各自既定的功能理念，将两者的界面进一步融合、开放，创造了一系列极具特色的“有温度”的公共空间，“城市谷”的社会价值将在未来丰富的城市公共生活中尽情展现。

■ 提资单位：柯凯建筑设计顾问(上海)有限公司
上海建筑设计研究院有限公司

地下商业空间

今潮8弄
——海派文化体验场

地点：上海市虹口区

海宁路四川北路街角鸟瞰

南 S
中州路
Zhongzhou Rd.
北 N

***项目特征：**今潮 8 弄位于上海虹口区四川北路。该项目作为滨港商业中心一期工程，旨在通过可持续的城市更新策略激活区域活力。设计采用充分平衡历史保护与商业发展的创新模式，不仅保留并修复了"颍川寄庐"等历史建筑，同时新建现代化商业设施，实现了新旧建筑和谐共生。项目以"城市更新、历史保护、商业复兴"为综合发展目标，巧妙融合了历史韵味与现代生活需求，通过艺术展览、文化活动与商业创新的融合，打造出独特的海派文化地标，成功塑造了集文化、旅游、商业于一体的复合型空间，提升了四川北路的整体商业氛围。作为探索城市更新模式的典范，今潮 8 弄展示了如何在尊重历史文脉的基础上实现区域的综合性提升，推动了四川北路在业态、文化、环境等方面的全面复兴，为上海乃至全国的城市更新提供了宝贵经验。*

上海滨港商业中心坐落在虹口区四川北路街道核心，这里是四川北路与苏州河、四川北路公园的交汇点，紧贴海宁路，占据虹口门户重地，对四川北路商业街区的复兴至关重要。四川北路历史悠久，伴随着淞沪铁路的蓬勃兴起，逐渐成长为上海三大著名商业街区之一。然而近十年间，尽管沿街商业设施密布，该区域的商业活力却未能紧跟城市快速发展的步伐。基于这一现状，滨港商业中心项目应时而生，选址历史底蕴深厚的虹口 18 街坊，旨在通过精细的规划理念与对历史建筑的精心修复，重新点燃区域的经济和社会活力，引领四川北路商业街区步入一次凤凰涅槃般的复兴之旅。

项目一期工程今潮 8 弄位于地块东北端，生动展现了石库门弄堂的风情、粤商文化的印记、中西合璧的社交场所及历史建筑的岁月痕迹，如"公益坊""颍川寄庐""扆虹园"（属三期工程）和"圣公会牧师教舍"（亦属三期工程）。这些场所不仅承载着新文化运动的回响和历史人物的足迹，更是虹口百年变迁的活生生的记录，将历史与现实巧妙融合，构建了一处超越时空界限的对话平台，深刻体现了项目与城市文化肌理紧密相连的创新精神与时代愿景。

2021 年 11 月，滨港商业中心 · 今潮 8 弄的优秀历史建筑完成修缮并全新亮相，在城市的"有机生长"中再立潮头，重塑街区，赓续海派文化，社会上好评如潮。2021 年 11 月 29 日上海市委书记李强来今潮 8 弄调研传统优秀老建筑保护工作，给予本项目高度评价：保护好历史建筑、历史风貌，就是保存了城市的历史文脉和历史价值。今潮 8 弄的老建筑在"修旧如旧"后注入新功能，实现"历久常新"，在保护中更新，在更新中更好保护，让历史文化遗产在有效利用中成为城市特色标识，更好地塑造城市软实力的神韵魅力，证明了在快速变迁的都市风景线中，历史的温度与现代的活力可以并存共荣，共同书写城市的新篇章。

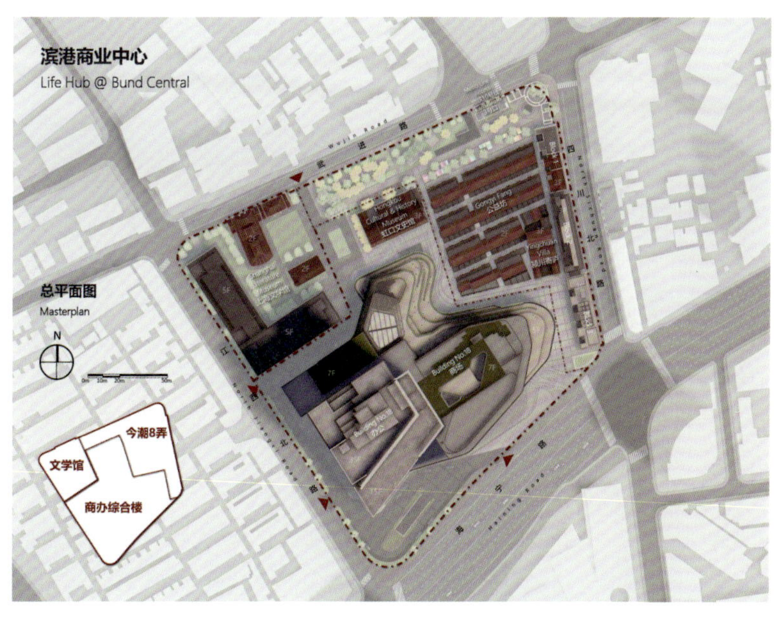

总平面图

彰显个性之美，共享和谐之同

今潮 8 弄的策划灵感深植于虹口区悠久的历史底蕴之中，自设计之初便秉持“大美·大同”的理念，意在通过“彰显个性之美，共享和谐之同”的策略，将上海的传统精髓——文化、艺术、生活、建筑与空间的细微之处，细腻融入现代设计之中。规划中高度尊重现存的城市纹理，竭力维护区域内历史文化遗产，运用时空交错的建筑语言，将古老与新兴建筑巧妙衔接，借助多样化功能配置与沉浸式场景体验，勾勒出海派文化绵延不绝的美学画卷。

项目聚焦于“旅游、文化、科技、生态、环境”五维发展，旨在通过新老建筑的创新融合，创建具备国际风尚的生活体验空间，满足年轻、商务及成熟群体的消费需求；同时，依托老建筑深邃的海派文化底蕴，借助富含故事性的美学场景与生活化的展示平台，吸引国内外游客，树立上海崭新的时尚地标形象。

项目规划的首要任务在于确保历史脉络的连续性，基于对场地百年演变的深刻理解，构建起一座跨越时代的大型城市综合体，实现新旧之间的对话。针对四川北路特定的历史文化背景与城市实况，项目确立了“城市更新、历史保护、商业复兴”的核心导向。预期不仅通过武进路城市公园、上海文学馆、虹口区文化馆及地铁广场等公共空间的增设，丰富城市功能，还通过历史建筑的妥善保护与创新业态的植入，有效承继并活化公益坊的风貌，引领四川北路商业街区的全面振兴。整体规划上注重保留建筑的影响与利用，借力于原有城市肌理，构建联通城市的公共开放空间网络，确保新旧建筑和谐共生，并强化与周边环境的互动，实现项目的无缝融入。

传承历史文化底蕴，多种更新方式并举

保护性修缮：复原性修缮 8 号楼（“颍川寄庐”）

针对标志性建筑“颍川寄庐”的复原性修缮，项目秉持严谨的原貌恢复原则，确保任何修复、扩展或新增部分都能与原有建筑风格和谐统一。特别注重细节处理，如门套线脚、楼梯间装饰、天花线条，乃至现代机电设施的隐蔽融入，均力求与文物保护区的风貌协调一致。在非法定保护区域，设计团队借鉴并简化重点保护特色，深入挖掘建筑的文物价值，强化历史建筑的美学与功能性，使之在新的时代背景下焕发新生。

沿四川北路立面（右：2号楼）

保留改造

基于深厚的城市历史文化积淀，今潮 8 弄项目倡导“城市更新、历史保护、商业复兴”三位一体的理念，总改造面积达 1.2 万平方米。通过对历史风貌街区、武进路城市公园等新旧元素的整合设计，不仅为城市增添了公共空间与多元化功能，还有效传承了历史文脉。在民宅与沿街商铺的修缮中，项目严格遵循文物保护原则，细致维护原有平面布局与空间特色，利用科学调查与技术分析，精准还原建筑的每一处细节，确保历史记忆与现代功能的完美融合。

更新改建：复建 2 号楼（商业展示）

在更新改建部分，尤其值得关注的是项目中的 2 号楼，它作为整个区域内唯一的新建商业展示建筑，设计上独树一帜，成为焦点。规划策略上，2 号楼的建设旨在弥补四川北路沿街因早年拆除而遗留的关键空缺，同时巧妙地担当起整个项目的东部门户的角色。同时，设计团队遵循新旧建筑彰显各自时代特色的理念，为 2 号楼配备了大量通透的玻璃幕墙，使新旧空间和谐对话。而为建筑外立面特意设计的陶砖片墙，不仅与周边历史街区的商铺间隔和街道韵律相得益彰，还在夜晚时分，借助建筑内部散发的柔和灯光，营造出温馨而轻盈的视觉景观。此外，2 号楼首层逐渐展开的小广场，引导着人们步入一度被遗忘的“颍川寄庐”，体验一场穿越时空的视觉盛宴，感受历史与现实的交织魅力。

更新与运营共进，带动区域复兴

在维护建筑与街区固有格局及风貌的前提下，设计秉承“以使用促进保护”的理念，进行创造性翻新与持续性利用。针对老建筑的不同保护级别、重点保护区域及具体内容，采取量身定制的修复策略，将保护措施与功能升级相结合。这包括了精细修复破损砖墙、重现花砖与木楼梯的昔日辉煌，乃至细心保存墙体缝隙间的生命迹象——青苔与小草，同时也对建筑内部布局进行优化调整，以适应现代商业展览需求。

今潮 8 弄项目中，老建筑在保持原貌的基础上被赋予新生命，实现“旧貌换新颜”，在保护与更新的互动中，历史遗产焕发新生，成为彰显城市个性的独特标识，深刻展现了城市软实力与文化韵味。同时项目不仅通过融合艺术展览、文化活动、商业

今潮8弄新旧对话

创新等多元板块，打造了海派文化的潮流地标，还通过广泛的社区互动与文化活动，提升了四川北路区域的综合价值。在设计层面，项目团队深入挖掘建筑历史，遵循文物保护原则，通过精细的总平面规划与建筑内外的修缮复原，确保历史建筑的原貌得以保留。在尊重四川北路的历史文脉的基础上，提出了“城市更新、历史保护、商业复兴”的综合开发目标，旨在通过保护历史建筑、激活武进路城市公园等公共空间、引入新型业态，以及整合周边商业资源，全面推动四川北路的商业与文化复兴。

技术创新应用，共创活力街区

今潮 8 弄项目中的地铁上盖文化景观走廊设计展现了非凡的创新力。具体实施中，北侧武进路公园绿地被创新性地设计为开放式空间，沿袭了沿街商铺的布局，形成连续的景观廊架，明确了空间界限，又通过增设的灯光水景丰富了环境，同时满足了地铁上盖结构的配重需求。改造的地铁 10 号线 3 号出入口与周边环境无缝融合，与时尚市集摊位和创意动物灯光装置相互映衬，共同营造出生动活泼的商业氛围。

廊架结构设计巧妙，重约 150 吨，覆盖 300 平方米，每平方米平均承受 5.0 千牛的荷载，其高度设计巧妙解决了消防通道问题。基础工程采用转换梁与托梁，规避地铁通道影响，采用天然地基独立承台减少施工开挖。GRC 预制板与超白材质的应用不仅减轻了结构重量，更强化了设计美感。景观树池的旧砖外饰，既讲述了历史故事、解决了古树保护问题，又高效利用空间，为整个社区增添了一抹别致景色。

实施成效

滨港商业中心 · 今潮 8 弄项目持续打造面向未来的可持续城市更新，为全国乃至全球的城市更新实践贡献了宝贵的经验和灵感。

焕新升级后的今潮 8 弄真正成为面向未来的可持续发展公共建筑，为市民提供了融合多种可能性的生活体验空间，让公共建筑真正归属于所有市民。

提资单位：上海天华建筑设计有限公司

鸿寿坊
——“精致烟火气”的里弄创新社区

地点：上海市普陀区

鸟瞰

***项目特征：**鸿寿坊位于上海普陀区长寿路商圈核心。项目在策划之初，就为精准客户定位做了详细的调研，确保后期运营。项目巧妙地以 Block & Street 理念重塑空间，构建了半私密巷弄与现代商业活力并存的格局。通过原址保护、整体复建和构件再利用，设计深挖并复现石库门建筑的精髓，在尊重历史建筑的基础上打造现代"集市"，成功将拥有近百年历史的石库门里弄转型为现代与历史风貌交织，充满"精致烟火气"的商住共融的"第三空间"创新社区。2023 年 9 月璀璨启幕的鸿寿坊，凭借独特的历史文化底蕴、精准的市场定位、创新的业态组合，打造高品质生活体验，引入多元商户以促进经济的内生增长，不仅创造了可观的经济效益，也为入驻企业树立了良好的品牌形象。更新后的鸿寿坊不仅激活了社区商业，还带动了周边地区的经济复苏。项目在推动城市可持续更新、激活社区活力、传承历史文化、促进社会融合等方面发挥了深远价值，成为新时代"商业"设施新标杆。*

鸿寿坊的历史根源可追溯至 1933 年，诞生自潘守仁先生投资的二层砖木结构石库门住宅。特征性的鱼骨状布局沿劳勃生路（今长寿路）与小沙渡路（现西康路）展开，因该路口的标志性钟塔而被广泛称为"大自鸣钟"。自 20 世纪 20—30 年代起，此地逐步发展成集商铺与工坊于一体的沪西商业重镇。至 80—90 年代，以第四百货为中心，周边聚集了多家知名老店，如同大昌文化用品、恒大绸布、悦来芳食品、聚兴园餐馆、四如春面馆及西康菜场等，深深烙印在了几代普陀人的生活记忆中。

但随时代演进，大自鸣钟消失了逾六十年，长寿路商圈亦历经数轮更迭。直至 2016 年，瑞安房地产启动鸿寿坊旧改项目，旨在通过对历史建筑的保护与创新利用，致力于在保存城市文脉的同时复兴区域商业活力，适应现代消费趋势。作为一个微型的城市更新项目，鸿寿坊项目中 8.8 万平方米总面积中，商业面积仅 1.5 万平方米，主打"小而精"。作为城市核心区域内的城市更新项目，鸿寿坊面临的是地块小、规划条件复杂、地上地下空间等诸多限制条件，可谓"螺蛳壳里做道场"。如何在尊重历史建筑的基础上融入现代商业功能，如何在高密度建筑环境中实现高效能机电系统布局，以及如何确保建筑的安全性和经济性等等，都对更新改造提出了诸多复杂而严苛的挑战。

保留核心风貌元素的前提下进行更新设计

鸿寿坊基地南侧留有 7 栋历史建筑，经过多轮设计评估，其中 3 栋一般历史建筑需保护修缮，不得整体拆除，需保留并修缮原有的外立面墙体，内部结构可以重建；另外 4 栋一般历史建筑需做局部整体改造，在传承历史风貌、保护建筑原有空间肌理和原立面等要求上，对建筑采用局部改造、整体改建或复建等多样的措施，在保留原有建筑体量、屋面肌理及清水砖外墙等核心风貌元素的前提下进行相应的更新设计。

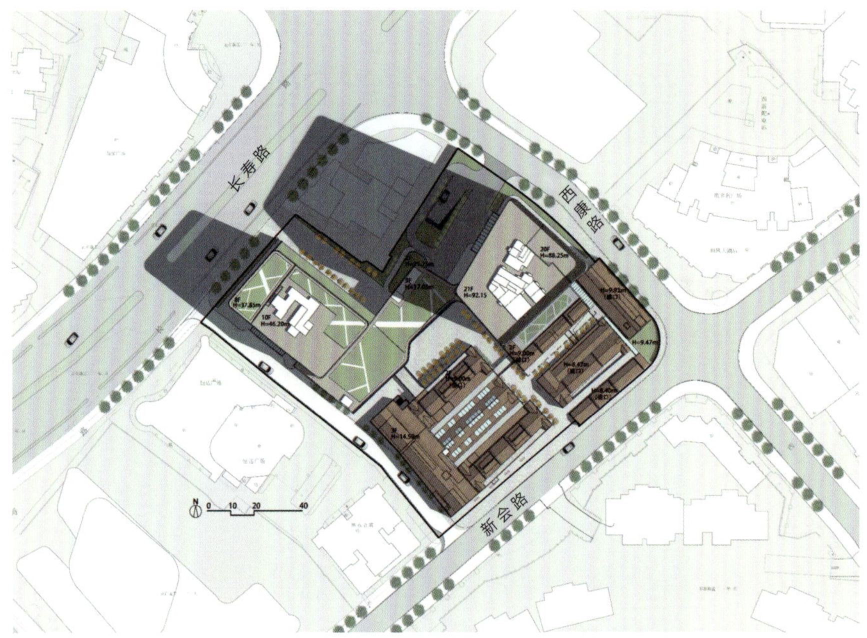

总平面图

地块控制性详细规划中要求保留风貌的均为一般历史建筑，经分析判定，本地块内的一般历史建筑的保存价值集中体现在沿街（包括转角）的延续界面，以及几排里弄之间形成的空间机理关系。因此，为完整地保留这些历史信息以延续本地块的历史文脉，整体更新方式为：原址保留 1 号楼、2 号楼、3 号楼；所有采用原址保留方式的房屋，保留部分按规定要求修缮，对于严重破损的地方进行局部拆除大修；所有原位保留墙体应按原样修缮恢复其历史风貌，局部允许添加少许现代元素以配合内部功能调整。保留 4—7 号楼的主、支弄关系以及总体的屋面肌理。

“精致烟火气”的商住共融“第三空间”创新社区

鸿寿坊以其独树一帜的商业布局，跳脱出传统的“餐饮 / 零售 / 体验”的框架，摒弃了潮流品牌的喧嚣，转而专注于贴近民生“三餐”的业态，精选了超过 60 家富含生活意趣的商家，其中美食是不变的主题，编织出一个精致而亲民的消费乐园。在这里，精品咖啡与葱油饼摊位比肩而立，展现了上海独有的雅俗共赏，鸿寿坊食集正是这种生活哲学的缩影。美式汉堡与意式小吃之间，胶东水饺的鲜美跃然舌尖；潮汕卤味与糖炒栗子相邻，转角又遇见现炒瓜子的香气，养生茶饮静候一旁。从清晨 6 点的生鲜早市，到凌晨 2 点的日料店，鸿寿坊以 24 小时不间断的餐饮选择，赋予“精致烟火气”以生动的现实载体。

设计致力于在历史与现代的纵向对话中复刻往昔生活场景，创造商住共融的“第三空间”创新社区。3 号楼内的“FOODIE SOCIAL 3.0——鸿寿坊食集”，借助玻璃天窗，将支弄改造成半户外空间，既保留了原始建筑风貌，又实现了商业功能的创新。12 米的挑高空间，配备可开启天窗，借鉴 19 世纪菜场设计，利用自然通风与采光，巨型吊扇缓缓转动，怀旧中透着时代新意。食集内部，特选的老红砖墙，不仅是对历史的致敬，也为商业空间注入了复古与活力并存的独特氛围。

鸿寿坊实景：里弄商业的精致烟火气

尊重历史建筑的基础上融入现代商业功能

鸿寿坊的设计通过尊重历史遗产、植入现代化功能，在保护与活化之间找到了平衡点。Block & Street 理念的运用，不仅重塑了石库门里弄空间，还构建了半私密巷弄与现代商业活力空间的共生格局，展示了对城市肌理的深度理解和尊重。

更新后的鸿寿坊在空间上留住了里弄半私密巷弄的空间精髓，也留住了里弄建筑本体的表里本味。1933 年鸿寿坊始建成时的鱼骨状肌理石库门里弄结构被保留了下来，在原有里弄建筑群落间提供贯穿历史的商业活力空间，更通过里弄特色的市集巷弄、市民活动中心、商业广场使得长寿路的商业活力可以顺利穿透传统的里弄街坊，辐射至街坊的东南两岸。

红色的瓦屋面保留了改造之前的屋面颜色和样式。石库门门头上经典的装饰艺术风格的花纹、元素也得以留存。回收、筛选、加工、再利用的红色老砖让更新后的鸿寿坊食集保持了原有的韵味。长寿路入口的景墙采用旧的机制红瓦，重现了里弄建筑的交叠红瓦屋面的形式，可供游客近距离体验里弄屋面的优雅魅力；瓦间穿插的绿植，象征着老建筑在城市更新后获得了新生。

建筑周围绿意盎然的景观设计，则是鸿寿坊与四叶草堂联手打造的“可食园艺”。40 余种作物星罗棋布，四季更替中，从夏日的辣椒、迷迭香，到春日的彩虹甜菜、山桃草，每一季都有不同的色彩与芬芳。这片绿意不仅美化了环境。更为社区居民提供了亲近自然的窗口，未来，它将成为儿童的自然课堂和邻里间的园艺交流平台，让生态教育与生活美学在此和谐共生。

应用新技术与新材料确保建筑的安全性和经济性

在确保市集屋架结构稳固的同时，项目进行了严谨的初期缺陷分析与几何非线性稳定性评估。通过多轮跨专业设计沟通，项目在遵守规范与维护历史风貌的原则下，巧妙地将小面积里弄建筑整合为更大的功能单元，既保留了里弄特有的空间结构，又优化了防火与疏散设计，实现了商业动线与安全需求的双赢。

在满足消防规范的前提下，项目精心将疏散楼梯布局于西侧后勤区及商业区，确保了商业界面的连续性。通过利用新旧建筑之间的高度差，巧妙设置夹层，集中布置设备，提高了商业空间的有效利用率，同时设备区域的外观处理得极为隐蔽，几乎与周边环境融为一体。鉴于地面建筑密集，排风系统巧妙地融入建筑内部，通过科学的地下防火分区与机房布置，确保了通风系统的顺畅运行。

市集中庭不足 300 平方米的开阔区域，密集安装了 48 扇电动排烟窗、3 组大型吊扇，以及一应俱全的高档照明、电动吊具、喷水灭火系统、烟雾感应器、消防广播、监控摄像头等装置。为使坡屋顶的美感得以完美呈现，项目依据排烟窗布局，优化了照明线路，以便于安装符合适用标准的刚性塑料导管，并将所有烟感、喷淋、摄像头、消防广播组件巧妙安置于网格架中。所有电线槽沿墙而上并隐于精美装修之下，顶部则与钢梁同色喷涂，与横向钢构架完美融合。空调系统被巧妙安排在无采光天窗区域，风管尽量压低以节省空间，而天窗雨水则通过短途管道引导至柱边，与柱体一体化包裹处理。

实施成效

作为上海标志性的城市更新项目，鸿寿坊巧妙融合石库门建筑的历史风貌与现代商业功能，成功打造里弄型商业与塔楼办公的综合业态。里弄商业借助办公人流的加成，呈现出良好的发展态势，推动运营成效不断提高；办公业态通过地铁的便利及里弄商业的服务，为办公人群提供了很好的支撑，实现了商业价值与文化价值的双重提升。凭借独特的历史文化底蕴、精准的市场定位、创新的业态组合打造高品质生活体验，引入多元商户促进经济的

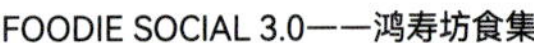
FOODIE SOCIAL 3.0——鸿寿坊食集

内生增长，不仅创造了可观的经济效益，也为入驻企业树立了良好的品牌形象，展现出强大的市场吸引力与竞争力。

鸿寿坊通过细致入微的城市设计与历史建筑保护，成功保留并激活了具有深厚历史底蕴的石库门街区，为城市历史文脉的延续做出了积极贡献，提升了周边居民的生活便利度与幸福感，也成为区域内的社交中心与文化地标。项目贯彻可持续发展的环保理念，引入雨水收集、节水灌溉等绿色设施，提升了城市的生态环境质量。

在鸿寿坊项目实施过程中，创新性地采用了跨专业团队的协作模式，确保了建筑、结构、机电、景观等各方面的无缝对接，实现了项目从设计到施工的高效推进。项目运营模式上，通过灵活的商业布局与丰富的业态组合，鸿寿坊不仅激活了社区商业，还带动了周边地区的经济复苏，为城市更新探索出一条兼顾经济效益与文化传承的全新路径。

鸿寿坊项目在推动城市可持续更新、激活社区活力、传承历史文化、促进社会融合等方面发挥了深远社会价值。

■ 提资单位：上海天华建筑设计有限公司
Plus 8 Consulting

市集巷弄

sando
一颗大
一颗大
100%番茄汁
一颗大

田子坊画家楼
——城市历史街区的迭代更新

地点：上海市黄浦区

效果图

项目特征：*田子坊作为上海的一个著名历史街区，其保护与再生工作一直是城市文化发展的重要组成部分。画家楼作为田子坊内的重要地标性建筑，不仅承载着丰富的历史价值，也是艺术创新的重要场所。面对当前文旅环境的严峻形势，以及弄堂文化自身的局限性，田子坊已经无法满足社会的最新发展和人们审美需求的提升。因此，对画家楼的更新升级显得尤为迫切和任务艰巨。本次画家楼改造中以"回望历史，展望未来"的融合设计理念为核心，深入挖掘并尊重田子坊及画家楼的历史文化底蕴。在保护历史建筑特色的基础上，项目通过综合策划和前瞻性思维，巧妙融合现代元素，优化空间布局，增强功能性和互动性，将一栋具有工业遗存特征的建筑改造成为一处促进文化交流、经济发展和社会进步的文化创意交流高地，同时在改造中倡导可持续发展理念，共同打造一个既传承历史又面向未来的文化新地标。本项目的建筑更新，为田子坊的转型发展树立了一个新的典范，激发与带动片区的再繁荣，在城市文化传承与创新中具有重要价值。*

田子坊的转型之旅：从历史深处走向未来

田子坊，上海心脏地带的历史文化街区，自 20 世纪初以来一直是上海工业发展和城市文化的见证者。作为昔日的工业区，这里聚集了众多手工业作坊和工厂，展现了上海作为工业和经济中心的辉煌岁月。随着时间的洗礼，这些工业设施逐渐转变为住宅和文化空间，见证了城市从工业向文化创意产业的转型。

经过一系列的更新与改造，田子坊焕发新生，变成了一个充满活力的文化街区，艺术家的工作室、画廊、设计店铺和特色餐饮等云集于此，成为上海文化多样性和创新精神的展示窗口。然而，疫情和弄堂文化的局限性带来了新的挑战。旅游限制和消费者行为的变化迫使田子坊必须再次进行转型和创新，以应对客源减少、收入下降等问题，并满足现代游客的期望。

面对当前城市的快速发展，田子坊如何在保持其独特性的同时，融入现代城市的发展，成为了一个重要的课题。这要求田子坊在保护历史遗产的基础上，不断创新和转型，以适应现代城市的需求。物理空间的限制，如弄堂狭窄和设施老化，也需要通过创新的更新改造设计来解决，确保田子坊能够持续地作为上海文化创新和发展的重要区域，吸引新一代的游客和消费者，继续其作为城市文化复兴缩影的角色。

画家楼的转型之旅：从工业遗产到文化创新高地

画家楼，田子坊内的标志性建筑，见证了上海从工业时代向文化创意产业的跨越。起源于 20 世纪初的康福织造厂，它曾是上海工业化的缩影，记录了工人阶级的生活与斗争。

随着时代的变迁，画家楼逐步从工业厂房转型为文化艺术的聚集地。经过改造，它焕然一新，成为艺术家工作室、画廊，吸引创意人士，融入田子坊的文化产业链。

如今，面对文旅环境的严峻挑战和文化消费的多样化，画家楼再次站在转型的前沿。本次改造，旨在将其打造为一个多元、开放的文化交流和创意演艺平台。改造策略包括：优化内部空间，适应多样活动需求；融合现代科技如 VR 和 AR，提供沉浸式体验；设计手法将巷道变为展廊，增强视觉互动；品牌重塑，激发新活力；注重可持续发展，采用环保材料和节能技术。

通过一系列创新和转型策略的实施，画家楼将实现从单一的文化艺术空间向一个更加多元和开放的文化交流和创意演艺平台的转变，使其不仅成为田子坊的文化新地标，更将成为推动地区文化与经济发展的重要力量，为上海的文化创意产业贡献新动力。

项目特点及创新点：传承保护与现代创意的融合

（一）综合策划

在本项目的策划阶段，我们采取了包容性的策略，以召开公开研讨会和开展在线调查的方式，积极吸纳来自社区居民、潜在用户、商业合作伙伴以建筑主体、文物管理部门的意见与建议。这一过程不仅确保了改造计划能够全面反映各方利益相关者的需求，而且确保了这些需求在项目的规划和设计中得到实际考量和融合。设计团队深入参与策划的每个环节，对画家楼进行了全面的物理状态评估，包括建筑、结构和设施的现状，为策划中的业态可能性提供客观的评估，并确保策划方案的可实施性。

另一方面，任何脱离实际条件的策划都是不切实际的。因此，设计团队在前期策划中也广泛征询了各技术领域的专家，以确保项目的可实施性和可持续发展。

以下是对本项目策划分析的几个核心方面阐述：

1. 历史文化底蕴传承与展示

在画家楼的改造中，传承历史文脉是核心。通过深入的历史调研，包括档案研究、专家访谈和社区口述历史，设计团队构建了全面的历史框架，为展示和传承打下基础。

利用 AR 和 VR 技术，设计团队开发了互动式展示方案，让访客沉浸式体验画家楼的历史与文化。与当地艺术机构合作，定期举办展览和讲座，丰富社区文化生活，促进历史文化的传播。

此外，通过教育项目和工作坊，向年轻一代传授田子坊及画家楼的历史，培养他们对本土文化的兴趣，确保历史文化的传承与创新。

2. 现代创意文化融合与展现

面对文旅市场的挑战，本次画家楼改造项目以“文化创意体验平台”为定位，通过市场调研深入理解消费者需求。项目融合现代技术与传统文化，提供沉浸式历史体验，设立艺术交流区，定期举办展览和活动，吸引创意群体。同时，提供工作室和办公空间，激发创意产业活力，举办社区活动，加强居民参与，并结合商业元素，如主题餐厅和设计店铺，形成文化商业聚集地。

改造后，本项目的目标客群为对文化艺术有深厚兴趣的中高端消费者，包括本地居民、国内外游客、艺术爱好者和创意产业从业者。画家楼将成为连接过去与未来、传统与现代、文化与商业的桥梁，为上海的文化创意产业注入新活力。

3. 历史脉络与现代活力的空间融合

对建筑空间布局进行了精细分析和优化，以适应新的功能定位，考虑了空间的多功能性和适应未来变化的能力，注重“灵活性和可持续性”。如将一楼设计为公共展览和接待区，提供宽敞明亮的空间，方便人流进出；上层规划为创意艺术空间或演艺空间，提供适宜的声学效果和展示环境。

在室内设计中也非常注重“灵活可变”，如采用活动隔断、多功能家具和模块化设计，实现空间布局的快速调整以适应不同需求，包括可移动的隔断系统、多功能家具、易于调整的电气和管道系统、声学灵活性、技术集成、环境控制和视觉灵活性。同时，选材方面注重可持续性和易于维护的设计，确保空间既实用又环保。

在保留建筑历史特色的基础上，使用现代设计元素和技术来改善空间的使用体验，如改善自然采光、通风和能效，以提升空间舒适度和功能效率。

（二）设计理念及定位

“回望历史、展望未来”——本项目的核心理念是将画家楼转变为一个复合历史文化展示、社区交流与创意活动的多功能文化传播空间，旨在田子坊中创造一个活跃的交流互动平台，促进文化交流和经济发展，同时展示和传承建筑本身的历史文化价值。

1. 文化与历史展示中心

设立一个展示画家楼及其周边地区丰富历史和文化的专区，利用互动技术和创新展览手法，吸引访客深入了解区域的历史背景和文化特色，强化画家楼的建筑可阅读性。

定期举办与本地历史和文化相关的活动和展览，如艺术展览、文化讲座和工作坊，促进公众对于地区历史文化的认识和兴趣。

2. 社区互动与交流空间

规划灵活的公共空间，鼓励社区居民和访客的互动和交流，如开放式会议区、社区活动室和咖啡休息区。

设计互动装置和社区公告板，促进社区信息共享和居民参与，加强社区凝聚力和身份认同感。

3. 创意商业与休闲娱乐中心

吸引和孵化创意产业相关的企业和工作室，如设计、艺术、手工艺和数字媒体等，形成创意产业聚集区。

规划多功能空间以容纳不同类型的商业活动，包括艺术画廊、主题餐厅、设计商店和展览空间等，提供多样化的休闲和购物体验。

4. 示范性城市更新模型

本项目通过展示如何将历史建筑转型为现代多功能空间，为城市更新和历史建筑保护提供参考案例。

结合可持续发展和绿色建筑原则，展示如何在保护历史文脉的同时，实现建筑功能的现代化和空间的有效利用。

通过本项目的定位分析，画家楼将成为一个结合文化展示、社区活动和商业创新的综合性空间。不仅增强了建筑和地区的文化价值，还促进了社区的经济和社会发展，为城市更新树立了示范。

（三）更新改造技术措施

国内外对弄堂工厂改造的实践案例丰富多样。在国外，比如伦敦的创意产业园区、纽约的艺术家工作室等，通过对弄堂工厂的改造，成功地实现了城市产业结构的升级和空间的再利用。而在国内，例如北京 798 艺术区、上海 M50 创意园，也展现了弄堂工厂改造的成功经验。这些案例提供了宝贵

立面效果图

的经验，同时也引发了对于如何在保留历史文化的同时推动城市发展的思考。

弄堂工厂的更新与改造在不同时期和不同经济水平下，应遵循符合当时情况的改造策略。尽管画家楼 2000 年改造的业态——画家工坊，曾为田子坊带来了十多年的发展与利好，但终因跟不上整个田子坊的发展水平而退出历史舞台。今天的更新改造不仅需要跟上田子坊现阶段的发展，还需要支撑田子坊未来新的发展需求。通过本项目的改造，我们总结了以下相关的改造策略：

1. 展示历史和文化价值

对于画家楼具有历史价值的建筑部分，进行细致的保护和修复工作，确保其原始面貌得以完整保存。在历史风貌保护方面，弄堂工厂的外立面是其独特魅力的来源之一。针对画家楼的改造，设计团队坚持“修旧如旧、建新如旧”的原则，通过细致修复外观，保留主要窗洞，延续历史痕迹，同时利用一层既有柱网，新设单元式景框，让建筑内部与巷道共同形成一个“内外辉映”的艺术展廊，呼应画家楼的身份，使其焕发新生的同时保持岁月的沧桑感。这一修缮过程除新设部分外，主要包括清理破损、脏污的区域，并采用环保的修复材料，以尽可能还原历史风貌。详尽的历史研究和建筑材料的调查是保证修复过程中不损害原有结构的关键，同时也满足现代建筑的安全和环保要求。

2. 提升空间与建筑价值

内部空间的精心设计与改造：在内部空间的改造中，设计团队着重考虑了一层和三层的设计。通过拔柱、拆除夹层、拆除局部楼板等手法，确保秀场和演艺大厅空间的大小与高度，以适应新的业态需求。这一过程不仅需要考虑空间的实际利用效益，还要保留原有结构的特色，使改造后的空间既符合当代的功能要求，又不失其独特历史氛围。

3. 消除安全与消防隐患

由于和周边建筑的间距小于 3.5 米，本次改造中不仅所有外门窗改为甲级防火铝合金门窗（窗火灾时自动关闭），同时内部还设置机械送风、排烟设施，双管齐下做到尽量消弭火灾隐患。

（四）运营及更新模式

为确保画家楼改造项目的后期运营符合专业标准，并实现持续发展与社会效益的最大化，上海经纬（集团）有限公司将采取以下综合运营策略：

合作与品牌一致性：持有方和主要运营实体，将与田子坊管理委员会及田子坊商会保持紧密合作，确保所有开发和运营活动均与田子坊的整体品牌定位和社区价值观保持一致。在租户选择方面，公司将依据项目的核心定位——文旅演艺中心，精心挑选与该主题相符的合作伙伴，以确保提供一致且高质量的用户体验。

在后期运营阶段，画家楼将被打造为一个融合文化展示、社区互动和创意商业的标杆项目。为此，将实施以下细化的运营策略：

1. 精细化业态规划与空间优化

演艺空间规划：我们将打造一套多功能演艺空间，配备先进的舞台技术、灯光和音响系统。该空间将能够承办从小型独立戏剧到大型音乐会的各类演出，以满足广泛的艺术表达需求。

互动体验区设计：互动展览区和休息交流区将采用最新科技，如触控屏幕和增强现实，提供访客沉浸式的信息探索体验。同时，信息服务台将提供多语言服务，确保来自不同背景的访客都能获得优质的体验。

空间灵活性：空间设计将充分考虑未来的发展可能性，使得各个区域能够根据市场和社区需求进行快速调整和再配置。

2. 活动策划与文化创新

多样化活动策划：我们将定期策划包括艺术展览、互动讲座、创意市集在内的多样化活动，这些活动旨在展示田子坊的文化精粹，同时吸引和激发创意人士的参与。

特色文化产品：通过与本地艺术家和文化团体的合作，开发一系列反映田子坊历史文化特色的演艺产品和工艺品，这些产品不仅具有高文化价值，也将成为画家楼的独特记忆符号。

节目内容刷新：确保定期更新节目和展览内容，保持画家楼的活力和吸引力，创造不断变化且引人入胜的文化体验。

3. 综合营销策略与品牌建设

全方位营销：通过一系列综合营销策略，包括社交媒体推广、线上互动活动、传统媒体广告以及与知名品牌的联名合作，扩大画家楼的品牌影响力。

合作与联动：建立与旅游局、文化机构和教育组织的长期合作关系，共同开展主题活动和教育项目，增强品牌的社会影响力。

品牌形象管理：通过精心设计的品牌形象和一致的传播策略，树立画家楼作为上海文化创新的象征，提升其在公众心中的地位。

4. 可持续发展的收益模式

多元收益策略：除传统的门票收入和租赁收益外，探索包括品牌赞助、文化衍生品销售、特殊活动筹办等多元化收入来源。

平衡定价机制：通过市场调研制定合理的票价和服务收费标准，既保证经济效益，又考虑公众的消费能力，实现社会效益与经济效益的双赢。

社会责任与环境关怀：坚持可持续发展原则，注重环保材料的使用和节能减排措施，同时积极履行社会责任，促进文化普及和教育事业。

通过以上综合运营策略，将确保画家楼作为文旅演艺中心的长期成功与发展，为上海乃至全国的文化产业树立新的标杆。

（五）更新项目涉及运作过程政策、规范突破及融资方式

本项目一方面作为文物保护点，外立面不可进行大的突破，但考虑首层与田子坊现状街区的关系，将首层立面进行了适当的放宽。另一方面，项目本身为弄堂工厂，但运营性质上，也给予了充分的自由性。

基于本项目的经验，对类似的建筑更新项目有如下启发：市中心的工业建筑已经不匹配城市的发展，可通过制定专门的规划和政策文件，放宽弄堂工厂在城市更新中的定位和发展方向。

实施成效及愿景

画家楼改造项目在田子坊片区具有深远的影响，其价值和意义不仅体现在经济复兴上，更深刻地触动了城市的文化和社会结构。通过对弄堂工厂的产业价值进行提升，项目成功引入创意产业的集聚，不仅推动城市经济的创新升级，也为上海增添浓厚的文化氛围，成为吸引人才和游客的新亮点。

改造过程中，重视发掘并展示工业遗存的历史与文化价值，提升建筑与周边的商业价值，同时改善建筑性能和安全性。这种有针对性地保护和利用城市历史遗产的做法，确保了更新活动在提升经济效益的同时，也尊重并延续了城市的历史文脉。

上海作为国际化大都市，其城市更新策略必须适应复杂功能和多元需求，发展具有本土特色的产业。田子坊的更新升级正是这一策略的缩影，它不仅形成了生产、消费、再生产的循环系统，还为城市提供了更广泛的经济服务，预示着田子坊乃至上海未来的发展方向。

画家楼的更新改造，不仅丰富了田子坊的文化生态，而且成为了促进地区发展和文化传承的重要桥梁。它通过持续的文化活动和创意展示，为城市文化创新和发展提供了新动力，成为推动田子坊持续焕发活力的关键力量。随着田子坊形象的提升，更多的游客和投资者被吸引至此，为上海乃至全球的文化交流与合作奠定了坚实的基础。画家楼的蜕变，已成为激活田子坊片区、促进其文化与经济发展的重要引擎。

■ 提资单位：上海市建筑科学研究院有限公司

冷江雨巷西街
——有机更新发展模式探索

地点：上海市奉贤区

鸟瞰效果图

***项目特征：**冷江雨巷项目总区域面积约 2.2 平方千米，以南桥塘历史文化风貌区为项目核心区，着力实施核心区庄行西街的整体改造提升，坚持“留改拆”并举，遵循“古今共容，文脉传承”的原则，通过古建筑修缮、立面改造、环境整治提升、基础设施改造等项目建设，实现古镇面貌的有机更新。项目以江南特色的院子为载体，探索古镇更新与新经济、新业态有机结合的发展模式，着力挖掘历史文化故事，加强历史风貌塑造，沿浦南运河布局生活性服务业，聚焦多层次“流量经济”，打造互联网创新聚集之地，建设具有“产城融合、职住平衡”功能的“古镇新城”示范区、奉贤版“清明上河图”首发站。如今，冷江雨巷历史风貌保护地改造工程已经成果颇丰：深入挖掘历史文化资源，以历史故事为主题，以居民需求为内容，植入文化生活功能，补充公服配套设施，促进历史文化与时代功能的新生和融合。*

庄行古镇历史悠久，文化底蕴深厚，素有“衣被天下”“花米通八江”之美誉。“冷江雨巷”以“都市古镇，田园牧歌”为总体愿景，通过挖掘历史文化，保护修缮历史建筑，形成延续历史记忆和历史文脉、焕发古镇活力的靓丽风景。

本项目坚持“修旧如旧，尊重历史，古今共容，文脉传承”的设计原则，利用“新旧融合、弹性实施”可识别、可逆的建筑修缮手法，结合街巷和滨水空间肌理的织补，将昔日老街风貌情景复原。同时，深入挖掘历史文化资源，以历史故事为主题，以居民需求为内容，植入文化生活功能，补充公服配套设施，促进历史文化与时代功能的新生和融合。

冷江雨巷西街修缮工程选址奉贤区庄行古镇（一新街以西至八字桥段），街道总长约 330 米，是奉贤区保存较好且最富有江南水乡神韵的明清老街。冷江雨巷西街历史风貌保护地改造内容包括建筑外立面修缮、驳岸和桥梁修缮、管线入地等工程，于 2021 年 7 月开工，次年 1 月完工。

以人为本的更新理念：构建城乡环境综合提升的坚实基础

城乡环境与群众生活密切相关。人人都渴望有一个优美整洁的工作、生活、居住环境，而优美整洁的城乡环境也是现代文明生活的一个重要标志。本项目是为群众办实事、办好事的重要切入点，更是一项提高城乡居民幸福指数的惠民工程和民心工程，具有重要社会意义。在项目总体设计构思中，设计师坚持以人为本，坚持“三个导向”，坚持保护文化底蕴、延续历史风貌，坚持生态、景观与功能并重的原则。项目通过对历史街区的整治与提升，改善了人居环境，满足了广大人民群众的迫切需要，解决了民生问题，提高了居民幸福感。设计师充分协调和调动全社会各方面力量，完善基础设施建设，实施城乡环境综合整治，实施冷江雨巷庄行西街整体改造提升项目，以此推进了奉贤区的跨越发展、加强了城乡精神文明建设、改善了群众的生活和创业环境。因此实施历史街区整治提升是以人为本、构建和谐社会的具体体现，更是实现居民对美好生活向往的重要表现。

古今共荣的文脉传承：实现历史文化价值与时代发展需求的有机结合

设计师对本项目进行了相对完善的前期策划。本项目依托“小桥流水人家，灯火阑珊庄行，江南院子，未来空间”的总体打造思路，把冷江雨巷打造成为充分结合历史文化和时代功能的南上海都市古镇新样式。本次实施的庄行西街整体改造提升项目，总体上遵循“古今共容，文脉传承”的原则，通过古建筑修缮、立面改造、环境整治提升、基础设施改造等项目建设，希望打造“一个沉淀千年温婉恬静的江南水乡”，使古镇“老树开新花”，从而为推进网红经济小镇与新业态结合的发展模式、为总体经济的发展提供平台。

庄行西街整体改造提升项目，以江南特色的院子为载体，坚持保护文化底蕴、延续历史风貌，坚持生态、景观与功能并重的原则，探索古镇更新与新经济、新业态有机结合的发展模式，着力挖掘历史文化故事，加强历史风貌塑造，沿浦南运河布局生活性服务业，聚焦多层次“流量经济”，打造互联网创新聚集之地，建设具有“产城融合、职住平衡”功能的“古镇新城”示范区、奉贤版“清明上河图”首发站。此外，利用区域内丰富的水域资源，通过保护开发、情景复建、文化导入、文旅融合的战略路径，构建出文化创意、民俗演绎、休闲度假、金融服务等为一体的综合性小镇，以再现“都市古镇，田园牧歌”的愿景。

目标导向的多策应用：推动古镇更新改造实施落地的有效路径

本项目因为是老街更新，在设计上存在各种难点，其中以立面整治，古建筑修缮，驳岸、桥梁改造和消防工程难度四个板块最大。

首先是立面整治板块。在这一块中的主要工作是清理红色机平瓦、黄色瓷砖墙面，改为小青瓦屋面、白色墙面；利用古建筑中的垛头、雀舌檐、木构件，对原有建筑进行分隔，让建筑富于变化；按照建筑的年代风格和特点，更换窗户和门或者更换现有的防盗窗和门；拆除后期搭建建筑；管线入地。此外，针对河岸两侧立面比较单一、缺乏变化以及南岸沿河建筑缺乏公共空间且与一新街的衔接较弱等问题，设计师采取了在一新桥两侧新增廊桥，同时在范围内新增廊棚的措施，丰富了建筑立面形式，创造了更多的公共空间。

效果图

其次是古建筑修缮板块。这一板块主要采取的措施是对于木结构存在的问题，实施揭顶、更换木构件等对策，原样恢复古建筑的原貌；根据建筑相应位置，恢复建筑相应功能，同时对建筑进行改造，打开沿街面建筑，以适应后期使用功能；利用现有建筑局部打开，留出公共空间。

再次是驳岸、桥梁改造板块。这一板块主要采取的措施是修补条石驳岸，其余形式的驳岸用真石漆进行喷涂以模仿条石驳岸，同时新增码头空间，创造更多的公共清水空间，补配栏杆、桥梁石、桥柱等；对桥梁石侧面干挂花岗岩石材，对桥柱进行真石漆防石材喷涂；补配台阶和抱鼓石。

最后是消防工程版块，也是设计中难度最大的一个点。在本次更新设计中，设计师多番考量，经过多次沟通汇报会议，终于完成了对老街消防的更新改造。本项目现已竣工完成，除了涉及人身安全的消防问题已完美解决，其余问题也均已得到改善，最终达到了城区、社区、街区等层面的改善目标，从而进一步改善了城市人居环境，完善了基层治理体系，切实增强了群众的获得感、幸福感、安全感。

整体运营：老街有效保护与更新发展的共生共赢

后期运营上，古镇通过与洲际酒店集团的合作实现双赢，进一步提升历史古镇的知名度和影响力，吸引更多的游客前来观光旅游，推动区域经济高质量发展。洲际酒店集团致力于全球旅游产业的发展，对庄行独特的古镇风情和丰富的历史文化底蕴有着浓厚的兴趣。洲际酒店集团希望与庄行镇建立长期稳定的合作关系，共同推动古镇的开发转型进度，为当地社会发展注入新的活力。

通过本项目的建设，老街风貌得到有效的保护，老街文化内涵得到大力的提升，居民的生活环境得到巨大的改善，一举多得。同时，随着冷江雨巷项目的大力推进，古镇更新与新业态有机结合，庄行古镇定会成为奉贤乃至整个上海的一张亮丽的名片，为游客奉献一座温婉秀丽的江南水乡，为居民提供一个宁静优美的栖息之地，为总体经济提供一片工作与生活的人间乐土。“百里运河、千年古镇、一川烟雨、万家灯火”的新江南文化画卷正在奉贤徐徐展开。作为一个千年古镇，庄行，就是这幅画卷的西部卷首。

提资单位：上海市建工设计研究总院有限公司
上海奉贤冷江雨巷建设发展公司

· 上海二钢——“厂区 – 园区 – 城区”的转型迭变

· 上生 · 新所——历史与时尚交融的文化场所

· EKA · 天物——美学聚落中的多元融合与共生探索

· 力波啤酒厂地块——工业遗存在区域转型中的蝶变新生

· 武夷 320——叠合、共享与多元

· 莘荟社区商业中心——工业空间承载复合业态

工业遗产

INDUSTRIAL HERITAGE

上海二钢
——“厂区-园区-城区”的转型迭变

地点：上海市杨浦区

下沉广场

***项目特征：**项目位于原上海第二钢铁厂厂区，该厂前身为1940年建成的大明三星白铁厂，目前作为宝武集团产业转型试点。东区保留并改造了大量历史厂房，为项目打下坚实基础。本项目是上钢二厂中区及南区的第二批开发，面临与一期历史厂房协调发展及工业园区转型等挑战。设计在整体肌理和尺度上与东区的多层历史建筑相呼应，采用长度60米、架空高度10米的大跨结构，突破低层地块划分的局限，满足办公和商业需求。通过底层开放和街角景观公园等实现公共空间最大化，打造“互联网+”特色产城融合示范区。在杨浦区高水平双创示范基地建设和中国宝武从制造向服务转型的背景下，杨浦区委区政府与中国宝武合作，共同打造互联宝地城市更新项目。该项目成功吸引了福特汽车、复星、美团、得物等世界五百强企业和互联网头部企业入驻，成为杨浦的全新增长极，展示了“厂区－园区－城区”的转型发展理念，探索出一条高效的城市更新之路。*

互联宝地产业园项目位于中国上海市杨浦区，原址为上海第二钢铁厂（简称“上钢二厂”）。上钢二厂前身为建于1940年的大明三星白铁厂。它曾是上海唯一的线材生产专业厂，多次荣获国家银质奖，是中国线材工业的重要基地，为国家的工业化进程做出了巨大贡献。然而，随着时代的变迁和城市的发展，原有的产业逐渐式微，面临着转型和升级的压力。

2014年，国家提出了“大众创业、万众创新”的战略号召，上海市也在积极推进中心城区环境整治和产业结构调整。在这样的背景下，中国宝武钢铁集团与杨浦区政府于2016年签订战略合作协议，决定将上钢二厂地块打造成一个“互联网+”创业创新示范产业园。这一决策不仅是对原有工业用地的盘活和再利用，更是对城市更新和产业融合的一次积极探索。项目旨在通过产业转型和城市更新，为区域带来新的经济增长点，提升整体环境品质和社会价值。

互联宝地产业园项目分两期开发。一期项目已于2018年6月投运，建成面积11.8万平方米；二期项目总建筑面积约26万平方米，包含4栋商办塔楼和3栋商业裙房，已于2022年开业，吸引了众多知名企业与品牌的入驻，为周边区域注入了强大的商业活力，显著提升了区域经济价值。

上钢二厂的二期城市更新项目，立足厂区历史肌理，展望产业园区的转型，使东区、中区和南区形成区域联动，整合成为有机发展、传承有序、空间互补、图底平衡的生态型高度综合城市社区，实现区域的城市复兴。项目致力于打造一个集创意办公、高端商业、文化娱乐和宜居生活于一体的综合性园区，围绕工业互联网、人工智能、文创等相关产业，以明确的产业定位、不断完善的产业链，集聚智慧化园区管理和良好的园区氛围，不断推动“互联网+”和高质量钢铁生态圈相关产业的集聚发展，打造“互联网创意工场、科技商务中心、新文创活力街区、宜居生活区”融为一体的杨浦新城区。

纵横交织的时代肌理

互联宝地的规划与设计充分考虑了历史文脉与现代功能的融合，旨在创造一个既有历史厚重感又充满现代活力的城市空间，使其成为一个吸引人们工作、生活和休闲的理想场所。根据上钢二厂的历史厂区和已建的东区纵横有序的建筑肌理和尺度特点，设计在中区和南区的整体规划中遵照区域内统一的道路格局和路网特点，形成“两横两纵”、纵横交织的时代肌理。中区契合东区的东西向步行廊道规划，南区景观通廊正对东区的历史工业景观柱廊，形成原厂区向西和向南的延伸。同时四幢高层办公楼构成园区边界，围合出新旧结合、交相呼应的工业化产业园区。实现工业园区向新型文化地标的转型。

横跨东西的城市之“虹”

中区规划是本次设计的核心。中区规划面临的最大问题是规划的眉州路将中区分成了东西两个地块，不解决东西两地块的有效连接和整体发展问题就无法实现整个街区的城市复兴。因此，规划跨眉州路的地下连接和跨眉州路上空的地上连接，是中区规划设计的第一原则。因此在设计中采用长度60米、架空高度10米的拱形大跨结构，形成横跨眉州路上空的无柱的商业裙房，连接了眉州路的东西两端。这样，既解决了东西地块的资源整合问题，又以工业化的元素弘扬工业精神，延续历史风貌，塑造工业美学新特征。

凝聚活力的城市之“核”

中区商业规划在概念上采用“城市街区”的形式，将各个街区的人流由建筑底层的架空空间和建筑围合而成的地面城市公共空间，经由室外楼梯及自动扶梯，直接引导进入超大地下露天草坪广场和商业中心。上钢二厂中区的下沉广场是凝聚街区活力的城市之“核”。跨眉州路地下广场上超大的露天草坪，若彩虹般飞跨地下露天草坪广场的眉州路桥和两端精致桥塔，是这个地面地下重要城市开放空间绝对的视觉焦点。四周宜人的商业柱廊、灵动变化的阳光和阴影，带领人们游弋在地下商业街道中。

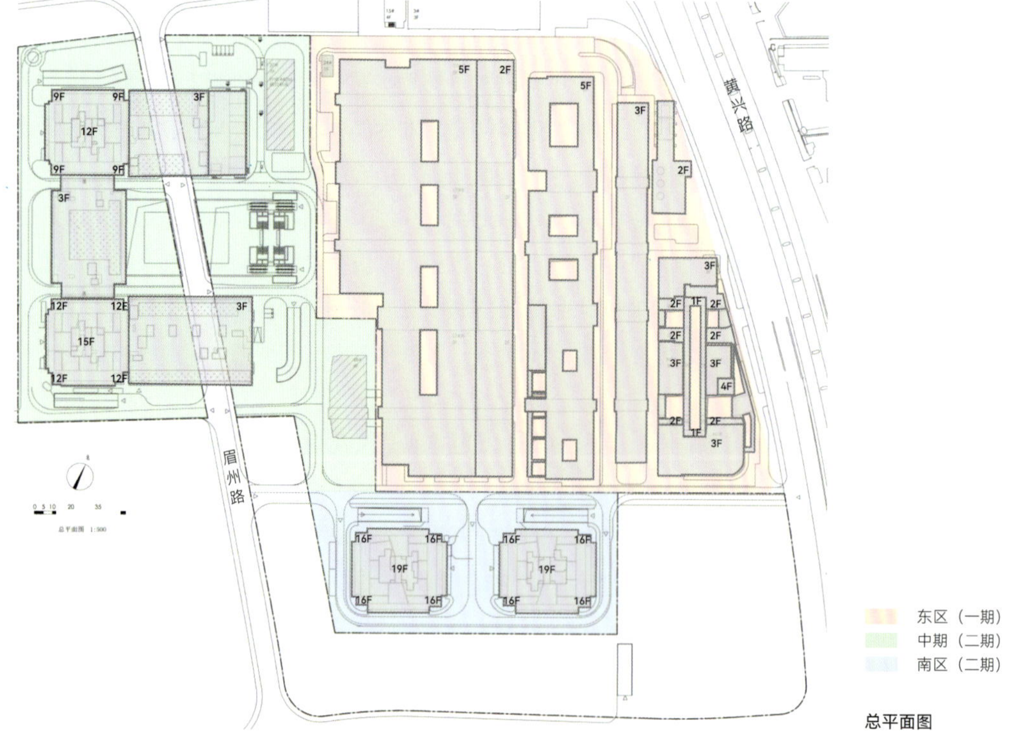

总平面图

绽放活力的城市绿肺

在已建成的东区历史厂房区域，单体平面建筑体量巨大，密度极高，基本没有有效的城市开放空间和大片绿化场地。为解决城市开放空间的问题，实现街区整体有凝聚力的高品质城市复兴，上钢二厂二期设计在中区下沉广场置入超大露天草坪，在南区临周家嘴路设置了一整片超 2.3 万平方米的开放式绿地景观，既实现了地下广场与地面城市绿地的互动，也提升了城市景观品质和区域公共价值。

高效便利的流线规划

二期的设计，将中区、南区的地下空间与东区综合协调，形成整体高效的空间。上钢二厂整个区域地块地下空间的统一规划和开发，既解决了区域商业和停车等的配套功能的问题，也提高了城市综合开发的管理效能。此外，中区办公采用独立办公出入口、独立停车港湾、独立垂直交通核心的设计，在让人享受无敌景观的同时，还确保了中区办公空间的高端独立和快捷便利。

多种先进技术和管理手段实现更新

在城市更新过程中，互联宝地面临着许多挑战，包括如何在保留历史厂房的基础上进行现代化改造以及如何解决区域内的交通和配套设施问题。此外，项目在保留历史建筑的同时，还需处理现代建筑标准与历史保护之间的矛盾。这要求在设计和施工过程中充分考虑建筑的结构安全、抗震性能及现代使用功能。项目通过对历史建筑的加固和改造，使其能够满足现代办公和商业使用的要求，并延续其历史文化价值。

为了应对这些挑战，项目团队采用了多种先进的技术和管理手段。首先，项目设计和施工过程中，

鸟瞰

采用了建筑信息建模(BIM)技术，实现了高效的空间规划和智能化园区管理。BIM技术的应用不仅提高了设计效率，还显著降低了施工过程中的错误率和返工率。其次，在施工现场导入APP智能管理，提升安全隐患排查的整治效率，确保施工过程安全可控。最后，在材料选择上，项目使用了大量的新型环保材料，如低VOC涂料、高性能保温材料和可再生能源设备等。这些材料的应用不仅提高了建筑的节能环保性能，还显著改善了室内空气质量和使用舒适度。

“园区运营+企业服务”的运营模式与多方投资的融资方式

在运营模式上，互联宝地采用了“园区运营+企业服务”的综合运营模式，通过提供一站式企业服务、专业孵化器和产业加速器等，帮助企业快速成长。同时，园区内设置了多种公共服务设施和配套设施，包括会议中心、展览中心、健身房和餐饮区，为入驻企业和员工提供全面的服务保障。

内部空间

与此同时，项目的运营还强调社区化管理。通过组织各种社区活动和文化交流，增强园区内企业和员工的互动，形成一个富有活力和凝聚力的社区。这种运营模式不仅提升了园区的吸引力，也促进了企业之间的协同和创新。

在融资方式上，项目借助中国宝武的强大背景和资源，吸引了多方投资，确保了项目的顺利实施。这种多元化的融资模式，为项目的持续发展提供了坚实的资金保障。具体来说，项目通过股权融资、银行贷款和政府专项资金支持等多种方式，确保了项目资金链的稳定和充足。

更为重要的是政府与政策的支持。互联宝地项目从签订土地出让合同到发放施工许可证仅用了70天，刷新了杨浦区的纪录。这种高效的行政审批速度，为项目的快速推进提供了有力的保障。市、区两级也给予各类产业政策支持，包括上海大张江政策、杨浦人工智能与大数据基地政策、两个优先政策等，从而建立政企联合服务机制。这些展示了地方政府在推动产业转型和城市更新中的积极角色。此外，项目在实施过程中，积极探索并突破了一些现行政策和规范的限制。例如，在历史建筑保护与现代功能改造方面，通过与相关部门的密切沟通和协调，成功获得了一些政策支持和规范调整，使项目得以顺利推进和实施。

实施成效

近年来，杨浦区持续推进滨江岸线贯通开放，规划建设集科技创新、数字经济、研发转化、休闲居住等功能于一体的高品质复合滨水区。上海市委书记陈吉宁在调研互联宝地项目时表示，从“工业锈带”变为“生活秀带”，建设宜业、宜居、宜乐、宜游的世界级滨水城区，杨浦要有更强的责任感和使命感，目光要更长远，视野要更开阔，算好经济社会发展的长远账、综合账。着眼杨浦滨江资源禀赋和区位优势，结合工业遗存保护利用，持续推进公共空间开放、服务能级提升，加快区域转型步伐、促进产业升级，合理安排生产、生活、生态空间，在人民城市建设方面不断创造新经验、提供新样板。互联宝地项目是结合杨浦资源禀赋推进产业升级的先行者，不仅蕴涵社会效益和经济效益，更有环境效益。该项目获得多项荣誉与奖项，多家新闻媒体先后报道，赢得行业内外一致好评。

(1) 社会效益

互联宝地项目的实施，不仅为区域带来了新的经济增长点，还提升了区域的整体环境品质和社会价值。项目通过打造高品质的办公和生活空间，吸引了大量高科技企业和创新创业人才，形成了一个具有活力的创新社区。园区内的企业和员工不仅在这里工作，也在这里生活和交流，形成了一个充满活力和创新氛围的社区。

此外，项目还通过举办各种公益活动和文化活动，增强了社区的凝聚力和社会责任感。例如，园区内定期举办的创业沙龙、创新论坛和公益讲座等活动，不仅丰富了企业和员工的文化生活，也提升了园区的整体文化氛围。

(2) 经济效益

园区在运营服务中，不断优化提升园区服务能力水平，建立吸引、促进、匹配三方面的机制，通过开展政企联合服务、产业资源对接、政策申报咨询、行业论坛交流、宝武应用场景开放等多样活动，使园区和企业更好地同频共振、共同成长。生活配套方面，通过提供 500 余套友间公寓（宝武旗下自持公寓品牌）、3 万平方米生活配套、2.3 万平方米开放式绿地景观、2000 余个停车位以及 1000 平方米共享会议中心等配套功能设施，营造适合企业员工办公、生活、社交的潮流空间。

目前已引入代表性企业，如“互联网＋生活服务”的龙头企业美团、“互联网＋潮流电商”的龙头企业得物，“互联网＋保险服务”的标杆企业国泰产险。同时世界五百强企业福特汽车、复星集团等均在园区内落地重要业务单元。除此之外，园区还有许多在成长期的高科技企业，如赢彻科技、径卫视觉、湃道智能、易维视等等，形成“大象起舞、蚂蚁雄兵”的热带雨林般的创新生态。

(3) 环境效益

项目在设计和施工中充分考虑了绿色环保和可持续发展的理念，建设了大面积的绿地和开放空间，改善了区域的生态环境。通过采用新型环保材料和可再生能源设备，项目显著降低了能源消耗和碳排放，提升了整体环境品质。值得一提的是，互联宝地项目还获得了“二星级绿色建筑设计标识证书”，助力节能环保。

此外，项目通过代建市政道路和公共设施，有效提升了区域的交通和基础设施水平。例如，新建的道路和步行道，不仅改善了交通状况，还为居民和员工提供了更加便捷和舒适的出行体验。园区内的大面积绿地和开放空间，为人们提供了休闲和娱乐的好去处，提升了区域的宜居性。

互联宝地项目凭借其在城市更新和产业转型方面的卓越表现，得到了社会各界的广泛认可。项目的进展和成效多次被媒体报道，进一步提升了其知名度和影响力。

提资单位：上海明悦建筑设计事务所有限公司

上生·新所
——历史与时尚交融的文化场所

地点：上海市长宁区

沿哥伦比亚大道走进二期

***项目特征：**从昔日的哥伦比亚圈到上海生物制品研究所，再到沪上知名的市民共享的开放型街区，上生·新所经历了多重身份的转变，持续迸发活力。对它的更新改造遵循“尊重历史文脉、延续城市脉络、新老建筑对话、多样共享共生”的理念，对园区内历史建筑进行修缮保护，对工业建筑进行改造装饰，园区景观进行更新升级，并将原有的封闭厂区改造成开放式的创意园区，及市民活动空间。项目构成政企合作双赢的示范案例，政府优先保障公共利益，央企、民企利益共享。上生·新所一期已于2018年向公众开放，已成为深受市民喜爱的开放式公共文化街区；上生·新所二期在一期保留原有历史风貌的基础上，进行了全新的设计，以融合历史的独特面貌、绿意盎然的勃勃生机，在初夏悄然登场。“新”的寓意不仅体现在项目一期的老建筑空间里新的文化、商业等功能尝试，更在项目二期的全新空间里得到延伸。*

上生·新所位于上海市长宁区东部，地处愚园路、衡山路—复兴路和新华路三个历史文化风貌区的交界地带。上生·新所的更新实践采用从策划、规划、建筑设计、招商、运营管理等全方位、全过程渗入的综合策略，运用城市有机更新这种相对柔和的手段，恢复和激发街区空间的活力。这里曾是上海生物制品研究所办公科研生产园区，通过改造更新以全天候公共开放街区的形式重新回归公众视野，是以创意办公、商业文化为主的开放式街区，展览、戏剧、音乐会、讲座、喜剧等丰富多元的文化活动不间断地在街区各个空间上演。艺术活动与老建筑氛围凝聚而成的独特文艺气质，让市民能够真正沉浸式地感知历史、阅读建筑，上生·新所构成上海城市有机更新的地标之一。

自2018年一期正式对外开放以来，上生·新所商业业态日渐多元化，成为深受市民喜爱的开放式公共文化街区，2021年上海城市空间艺术季主展场亦设于此。上生·新所二期在一期保留原有历史风貌的基础上，进行了全新的设计，以融合历史的独特面貌、绿意盎然的勃勃生机，在2024年6月悄然登场。“新”的寓意不仅体现在项目一期的老建筑空间里新的文化、商业等功能尝试，更在项目二期的全新空间里得到延伸，打造多维公共空间，增设街道、内院、广场等开敞空间，兼具办公、商业、休闲娱乐等功能，助力“15分钟社区生活圈”建设。

多措保护，尊重历史文脉

基地内建筑大致可分为20世纪二三十年代哥伦比亚乡村俱乐部时期和20世纪50年代后上生所生产科研时期两个历史阶段，尤以后者为多，因在近70年中由于生产需要有大量建设。到2016年已有建筑和构筑物四十余栋，经产权梳理，除去私搭乱建后剩余的建筑也有三十余栋，对这些不具有保护身份的既有建筑进行“留改拆”甄别是进行基地更新的基础。项目对建筑质量较好、具有一定工业类风貌特色的建筑进行了最大程度的保留，并通过建筑测绘和房屋结构质量检测等手段，判断建筑再利用的可能性和改造代价。

同时，项目通过建筑高度和体量控制，使新的建设融入整体风貌，形成协调的空间关系。更新明确新建建筑高度原则上不超过场地中的既有建筑高度，层数控制在 3~6 层，保持街区内以多层建筑为主的空间格局；结合历史建筑保留保护利用的要求，新建建筑体量以中小体量为主，提出采用建筑体量切割、错动、底层架空等方式消解建筑的体量感，使新建建筑更好地融入历史环境。

延续脉络，增加开放空间

结合现状空间格局和特色历史建筑，并进行空间梳理、拆除临时建筑，上生 · 新所的更新改造在基地西、南新增门户性公共开敞空间，并与历史建筑、公共设施结合布置；通过内部公共通道联系多处开敞空间，织补城市肌理，使市民能在舒适、宜人、通达、安全的街巷中行走，享受可以体验并参与其中的公共空间。同时，考虑到基地地处历史文化风

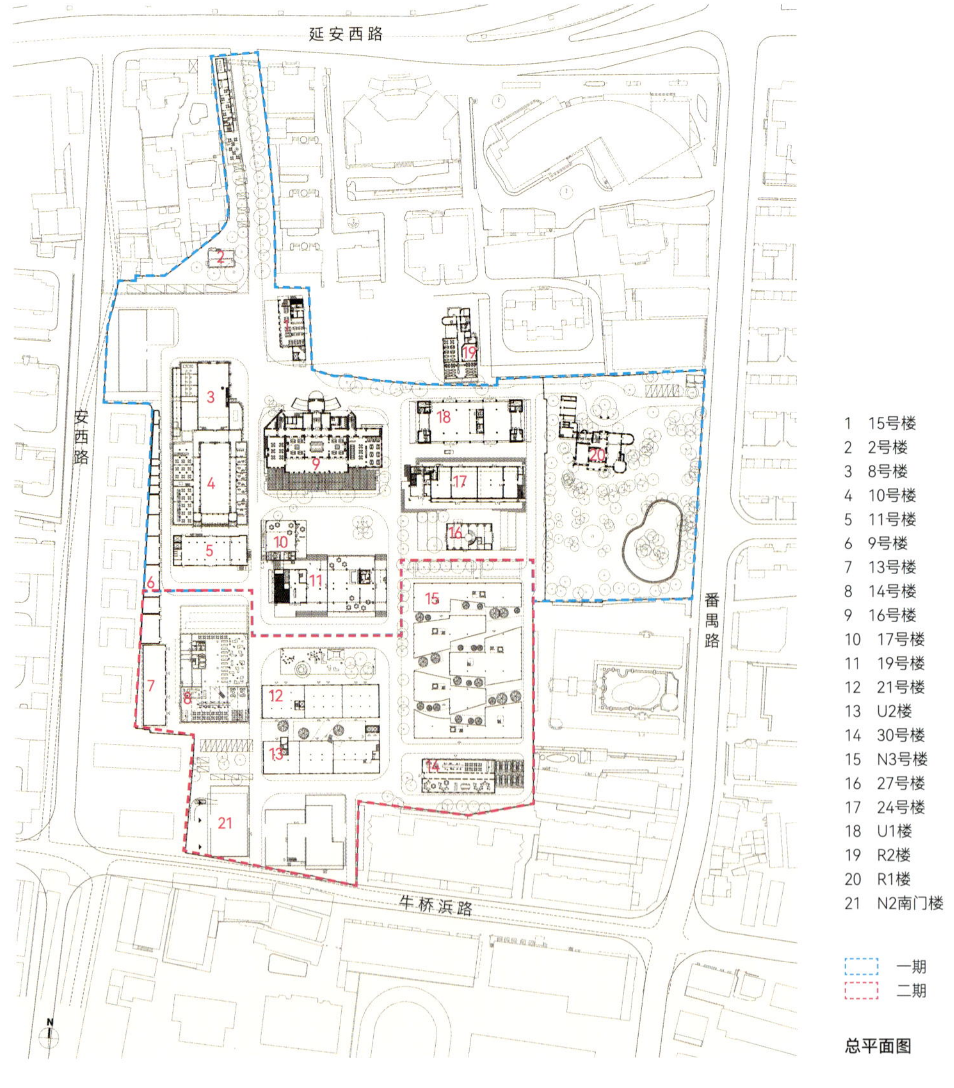

总平面图

原哥伦比亚乡村俱乐部南立面

貌区的交界地带，构成联系周边的重要公共活动路径，把延安西路的居住功能更新转换为商办功能，活化延安西路界面，增加界面的公共属性。

新旧对话，强化多样性与特色

多样性是历史街区的重要特色。对于具有保护建筑身份的历史建筑，对历史信息的保护保留是基本要求。园区不同时期建成的建筑虽然造型不同、风格迥异，但这正是其历史发展的实证。通过对孙科住宅南侧花园的历史资料的搜集分析，针对南侧花园与上生所街区被围墙分割的问题，上生·新所开发时整体景观方案中拆除了花园围墙，并设置连接园区广场与花园的人行通道，改善割裂的现状，利于园区人文环境的沟通与交融。此外，哥伦比亚乡村俱乐部和孙科住宅的改造均遵循真实性、最小干预和可识别性等原则，通过对立面和重点保护空间的修复使之恢复历史风貌和特征。原哥伦比亚乡村俱乐部的外墙黄沙水泥压毛饰面的修复过程，也是一个当代工匠恢复传统手工工艺的过程；外窗木质遮阳板是西班牙传教风格的特色元素，它的复原也为土灰色外墙增加了一抹亮色的点缀。同时，修复在程中通过辨识天花线脚和木护壁，现场发现并恢复了一层东侧的一个特色大空间。

上生·新所二期更加注重公共社交空间及氛围的营造，提出运用街区里巷概念，以“主广场＋内苑”的形式，打造多维公共空间；大台阶、特色楼梯等具有观赏打卡性的设计，为园区增添了许多休憩社交属性；项目在楼顶还设计有运动平台、屋顶花园等公共场域，配合景观设计，鼓励多元形式的交互。这些公共空间将成为市集快闪、展览展演、时尚走秀等创意活动的发生地。

功能复合，实现共享共生

更新后上生·新所功能转型为集办公、娱乐、文化、社区服务等于一体的新型文化创意产业园区和全天候活力场所，与周边的现有社区融为一体，促进“可达”和“宜居”。结合“15 分钟社区生活圈”的规划导向，结合居民差异化需求及现有历史建筑的空间特征，布局品质提升类的社区公服设施，有效提升居民的生活品质。

上生·新所功能配比上以办公为主，办公场所布局于各楼宇中上层，办公类型上倾向于创意产业、时尚文化和共享办公等，定义了园区的群体特色和基本活动人群数量。建筑底层全部为特色餐饮和文创商业，规模较小的建筑则独立经营；同时园区内原哥伦比亚乡村俱乐部的体育馆，其木屋架大跨空间成为举行室内商业活动的场地，又因其历史底蕴、结构特色等的独一无二性，成为商业活动和时尚发布的热门场所。商业布局既提高了租金回报又提供了服务配套设施，更增强了园区的公共性和活力。

底层架空空间

原上生所园区内人车混行，停车位分散设置在各楼栋间的空地上。改造围绕慢行交通的设计理念，集中设置了机动车停车场，在满足消防车紧急情况下全区可达的同时，禁止机动车进入园区内，将其集中停放在主要出入口附近，营造了惬意安全的慢行街区氛围。二期完全开放后，上生 · 新所四至——安西路、延安西路、牛桥浜路、番禺路，均有出入口，并新增近 300 个地下停车位，增强了区域的通达性和便利性。值得关注的是，项目原先两个出入口旁的商业项目：安西路上的金地新华道和平武路上的久事旅游 · 越界平武 Space 也陆续有商家开业，以及初代城市更新商业幸福里的影响力，从上生 · 新所至番禺路再到新华路，延安西路南面也将“连点成线”逐渐起势，形成一条连续的商业活动带。

艺术共创与活力共融

上生 · 新所通过深度挖掘项目的历史文化积淀，将文艺活动与建筑空间特色定制结合，完成从“公共街区”到“沉浸街区”的蜕变。咖啡戏剧节、悬疑戏剧周、漫才喜剧周末等各种园区独有文化 IP，让文化艺术内容更具立体感和多元性，也为文化艺术与园区型商业的结合树立极具代表性的标杆案例。上生 · 新所自带的松弛感与城市户外品牌的气质极度适配，园区在商业业态与氛围的营造上，通过引入户外运动、自然环保、小众精品、更能提供情绪价值的品牌，来应对消费者价值观与需求的变化。2021 年以高端户外露营产品为主的 OUTLAND 在上生 · 新所开出其在上海市场的唯一店铺。同样借助露营风已进入众多优质主流项目的 KOLON SPORT 在中部核心位置也开出旗舰店。

如今，“游逛、休憩、交流、畅想”的社交方式，如水如烟“流动”在园区之间。当你走进二期的小店中，不仅能购买到商品、品尝到美味，而且能了解品牌背后的故事和文化。PURE Electric 中国首家旗舰店，电动滑板车定能“打开”你的骑行新世界；nautica 白帆和 Reebok 锐步的潮流集合店，包括 Reebok 热门单品与限定联名系列；Pizzeria 全球首店，集聚意式窑炉比萨等正宗意大利美食；开吉茶馆，更时髦的茶馆，可在树下品尝新茶滋味。

在项目二期的品牌选择与合作上，上生 · 新所也特别注重延续并拓展项目一期“前店后企（厂）+ 多元秀场”的理念。二期公共空间面积相较一期增加了近 2000 平方米，达到约 7300 平方米。通过开展市集快闪、展览展演、时尚走秀等创意活动，联动一期和二期，构筑时尚社交的场地。此外，结合独栋、叠院、洋楼等建筑形态，也可以满足中小企业、头部企业对露台、内部庭院、企业前厅、创意工坊等个性化的空间需求，从而充分挖掘场域潜力，又以场地的独特性优势为品牌赋能。

要素协商与多方共赢

在保障公共利益为前提的基础上，根据上海市城市更新相关政策，上生 · 新所城市更新项目一方面落实新增公共空间，以及有关公服设施的面积、位置及相关控制引导的要求，另一方面通过计算可有效转化为城市更新奖励的用地及建筑面积，锁定相应的建筑增量，调动产权人参与更新的积极性。上海生物制品研究所在 2016 年通过公开招标的市场方式，寻找后续土地房屋再利用与开发经营工作的承担者。上海万科房地产有限公司积极投入并中标，获得该土地的后续 20 年的承租、开发、经营权。中标后的万科持续推进整个园区的更新改造。在上生 · 新所的更新过程中，政府优先保障公共利益，引入社会资本，多方共建共享，结合从封闭的科研工业园区到复合的“城市客厅”的功能转换和运维管理，激发地区活力，构成政企合作双赢的示范案例。

提资单位：华东建筑设计研究院有限公司

二期鸟瞰

EKA·天物
——美学聚落中的多元融合与共生探索

地点：上海市浦东新区

鸟瞰

***项目特征：**EKA · 天物位于上海浦东金桥片区，坐落在上海航海仪器总厂的基底之上。项目深植于都市美学的沃土，以匠心精神追求极致境界，并以逆势探新的姿态独树一帜。正如其名的由来“天工开物”，EKA · 天物不仅是一个开放、无界、多元的创造性平台，同时也是一部可供阅读、体验和深度参与的多维立体杂志。街区以“万国建筑”的艺术街区风貌和雄心，孵化出了集文化、社交、消费、办公、商业于一体的多元业态，并以可持续及长期主义的深度认知，肩负起公众美育探索的社会责任担当。EKA · 天物作为创变先行者，以其前瞻性和创造性，丰盈起生活的每个版块。期待具有相同基因的更新项目的同行者协力共聚，书写承载多样城市功能的粲然篇章。*

EKA · 天物位于浦东新区金桥路 535 号，项目占地面积约 100 亩，地理位置优越，紧邻金桥路地铁站，地铁 6 号线、14 号线双轨环绕，比邻中环路，周边浦东大道、张杨路、云山路等主干路纵横交汇。EKA · 天物由 20 世纪五六十年代的中船航海仪器厂工业遗址改造而来（地块的历史可追溯至 1869 年的旧海关浦东工厂），继承勇于探索未知领域的航海家精神，运用全新的当代设计语言，对四十余栋老旧建筑进行梳理更新与改造，唤醒历史，赋予每栋建筑新的生命，打造了一个独特多元的“新航海时代”，进而实现由工业锈带向生活秀场的华丽变身。

EKA · 天物是嘉韵投资旗下的项目。在项目过程中，嘉韵对项目区域的产业环境、商业环境以及目标客群进行了详尽的调研和细致的分析。超高的住宅密度、优质的家庭居所、聚集的产业人群，都使该区域亟待提升消费品质，以满足消费升级的需求。嘉韵以创变先行者的姿态，坚持创变革新的信条，通过业态的组合、场景的营造、活动的策划等多个维度，实现引领都市人群前来开启探寻自我、启迪生活的体验之旅。

EKA · 天物于 2024 年 6 月对外开放，作为城市肌理中关键的一块拼图，补齐了上海浦东金色中环的全幅画面，目前已成为沪上知名的人气地标，每天都吸引大量的潮人纷至沓来，它的每一栋建筑都用独具特色的场所感和丰富有趣的内容吸引众多消费者驻足、休憩。新的 EKA · 天物突破了传统园区产业办公的业态局限，它被拓展为集办公、酒店、商业等多种功能为一体的综合性艺术社区。

一座探索未知、聚新创变的都市人文美学生活街区

“EKA”来自梵语，本意为“一”。它表明这里是丈量天地的每一件器物、灵感遇思的每一次闪现、精湛匠心的专致如一、独树一帜的人文美学新境界……这里集 Exploration（逆势探新）、Knowledge（匠心造诣）、Aesthetics（美学聚落）于一身。EKA · 天物的所有灵感均来源于目标客群，包括都市高知精英、国际品质家庭、时尚潮流人士和探索自我的年轻群体，他们都不拘泥于常规，彰显个性并热爱艺术文化，有高品质的生活要求又对世界充满使命感，因此这里需要提供一个以人为中心的体验场景，让不同的客群都能找到他们的理想之地。项目深植于都市美学的沃土，矢志不渝地追求极致境界，邀请了建筑名师对园区内建筑进行重新梳理，设计风格迥异又和谐并存，呈现出“各美其美，美美与共” 的风貌，让建筑可阅读。同时，空间化身为可承载多样的城市功能的集合场域，持续打造公共艺术策展、创意市集等具有张力的系列文化活动，为人们提供有趣的社交空间。

匠心设计，营造都市生活的美学聚落

EKA · 天物保留了大片工业文明的印记，本哲建筑师蒋华健用多元的设计手法打造有温度的全新建筑，连接了过去与未来。半仓是尊重历史发展脉络、新旧叠合相生的典型代表。它保留了原有建筑形态，梳理简化了外在表皮，打破了建筑的平衡，展现多样形态。贝壳、沙滩石混合而成的水洗石及黑色碳化木构成外在的主要肌理，既延续了海派城市历史风貌，又体现了半仓的静谧与东方极简美学的精髓。金拱门以肌理古堡石为建筑表皮，底部开设四处拱形门洞，均采用叠级造型，兼具优雅和秩序感。其中右侧拱门为双层挑高，由寓意成功和温暖的黄铜制成，像一道煦暖的阳光照进了神秘的古堡，内设“步步高升”向上延伸的阶梯，引导人们进入古堡探秘。屋顶采用深灰色耐候钢板，与沧桑感十足的古堡石以及明亮的黄铜材质交相辉映，既有新旧、冷暖之对比，又彼此和谐共生，似乎历史正在孕育新的希望。

这里的每一栋单体建筑，都像半仓、金拱门一样进行了独立的设计，使得园区内的 30 多栋建筑，没有一栋是相同的。这里有中国庭院式的建筑、老上海石库门建筑、北欧风建筑、中东风建筑、希腊地中海式建筑等多种建筑风格，可称得上是一个“建筑的博览会”。而这每一栋不同风格的建筑又都包含了设计师对文化、美学、生活的不同理解，有着属于自己的故事和传承，使得每一栋建筑都被注入了新的活力，进而构建了一座以人文禀赋融入空间重塑的城市聚场。

多业组合，打开都市生活的全新体验

EKA · 天物汇聚了主题商业、多元办公、艺术酒店和文化艺术四大主题业态。它的主题商业汇聚了包括 LENBACH FOUNTAIN 兰巴赫浦东首店、鮨望日料浦东首店、Peet's Coffee 皮爷咖啡、一尺花园、BAKER&SPICE 等众多年轻人喜欢的品牌，国风主题的夜经济特色消费空间——赤红 · 吉乐夜宴全国首店也即将亮相于此，满足人们社交、消费、艺术人文体验于一体的需求。这里的办公通过个性化定制，实现自由设计的空间，提供城市花

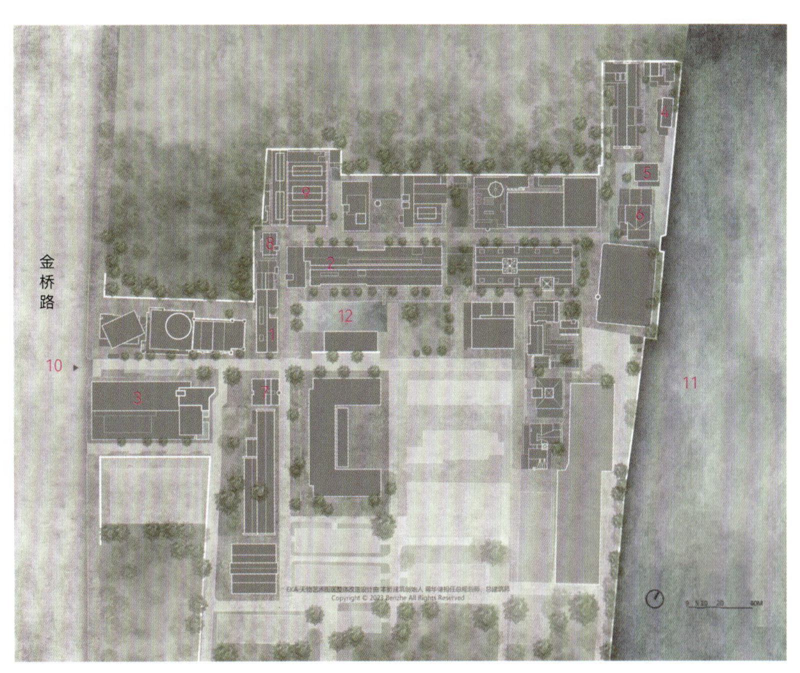

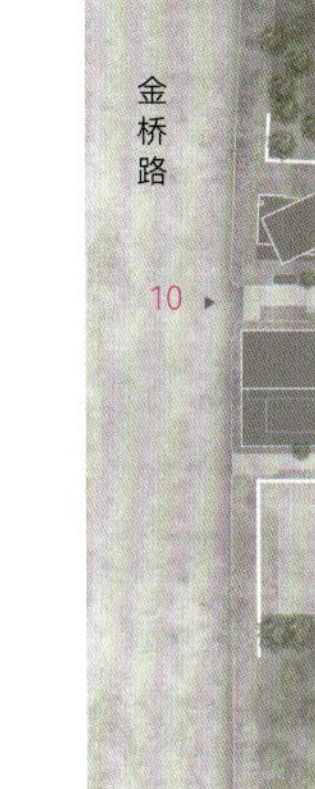

1 半仓
2 动力车间
3 远舰
4 53°
5 仁阁
6 贤阁
7 沧海一帆
8 空境
9 忆仓
10 园区主入口
11 西沟港
12 中央水池

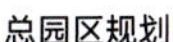
总园区规划

园办公的体验。这里的艺术酒店宛若独辟的室外桃源，融合滨水绿荫，呈现闲暇隐世、疗愈心居的自然感受。这里的文化艺术通过持续的有张力的活动不断地向外传达为有想法的年轻人提供开放自主式的公共艺术平台。

通过这种多元业态的组合，EKA · 天物紧紧抓住目标客群的生活习惯，通过丰富的体验运营，激发他们的生活趣味，引领他们的生活方式，从而激活了广大人群的消费欲望，为后续持续运营奠定了基础。

异业合作，共建多元社群的互联交流

跨行业的合作与持续的活动规划是 EKA · 天物保持其活力和吸引力的重要原因。从汇聚全球文化艺术的主题策展，到大咖齐聚的产学论坛；从“天物好市”“天物映像”“创变设计节”“EKA 秀场”“EKA 宠物 PET GALA”五大独创品牌 IP 活动到长期合作的艺术家驻留计划 ...... 无不体现着 EKA · 天物通过多方的合作与支持，不断地推陈出新，形成共同发展的矩阵模式和运营体系。此外，EKA · 天物还非常关注高质量的社群运营，其各种社群活动都是围绕着上海的目标客群展开，比如“520 Alter Festival 电音节”“EKA · 天物 X 公路商店黑市复兴市集”“天物之境创变设计节”“再野 – 肢体沉浸式展演”“EKA · 天物 X 卷宗 Wallpaper* 设计生活节”等，都是独树一帜的特色活动，让志趣相投的人们在这里有更多的交流可能和情感连接。

关注目标客群的生活情境，围绕着他们的工作与生活圈，通过文化、设计、艺术、服务等众多工具提供专属的社群活动，共建多元社群的互联交流。让热爱音乐、运动、电影、骑行、宠物友好等活动的消费者找到属于自己的兴趣群落。EKA · 天物作为创变先行者，以大胆不同、追求极致的态度，构建了一处既有深厚的历史底蕴，又充满了对未来向往的都市生活场景，通过文化与美学的融合、业态与生活的融合、社群与运营的融合，探索出了一种新的可能。这种从人群需求出发，跨业联合众多优势资源，以运营为重要手段，通过社群服务不断扩散的方式也值得思考与借鉴。

提资单位：上海嘉韵投资管理发展有限公司
上海本哲建筑设计有限公司

EKA · 天物街景

动力车间

53°鸟瞰

力波啤酒厂地块
——工业遗存在区域转型中的蝶变新生

地点：上海市闵行区

西地块主入口

项目特征：上海・力波啤酒厂地块是上海市较早的工业遗存更新改造的项目，由一代工业记忆的老牌啤酒厂转型成闵行区比较有代表性的多元复合的城市公共场所。项目充分尊重场地的历史记忆，追求高品质的整体定位，实现了区域转型发展的蝶变新生。项目通过东西联动的整体规划，围绕烟囱这一标志性的工业遗存，塑造全新的文化 IP。同时，通过多维空间的营造，多元业态的组织与运营，构建独具魅力的场所精神。此外，其延续历史风貌的建筑再生的方式，也为留住场所的文化记忆提供了很好的物质载体。最终不仅为广大市民提供了充满活力的城市公共空间，也为城市更新中工业遗存的更新改造和综合利用提供了很好的借鉴。

自1987年力波啤酒厂生产出第一瓶啤酒开始，力波啤酒就和上海人民的时代记忆共同交织在一起。曾经那句家喻户晓的广告歌词——“力波啤酒，喜欢上海的理由”，更是一代人的共同回忆。随着时代向前发展，力波在激涌的时代浪潮中逐渐淡出了人们的视野。然而当繁荣褪去，啤酒厂已然成为了城市记忆的重要组成部分。力波啤酒厂作为工业遗产，其自身所属的文化价值和情感价值远比建筑本身的价值更为珍贵，对遗存建筑和场地的处理方式的重要性不言而喻。因此如何在基于场所精神的角度上对场地进行改造，以及平衡好延续工业历史文脉与满足现代功能的使用，是本次项目的设计重点。

项目地址位于上海市闵行区益梅路梅陇港西侧，是原上海力波啤酒厂的老厂区旧址。总占地约 8 公顷，现生产功能已迁走。河道将用地分为东、西两地块。在整体规划中，东地块被定为商业办公综合体，而西地块则通过城市更新改造成文创办公园区。项目要求经过改造需要满足商业，创意办公以及展示等功能。在整体的规划中，力波啤酒厂老厂区将与梅陇港东岸的新建部分共同构建起崭新的“上海力波中心”考虑到该项目的特殊性，老厂区整体地块主要以保留修缮为主要改造方式。

东西联动整体规划，勾勒历史遗迹的活力共生

在最初的设计调研阶段，设计师走访了设计地块的周边区域，发现无论是从益梅路东西两端，还是从中环路或沪闵高架路望去，高耸的烟囱锅炉房犹如灯塔一般在宣告着自己的存在。场地遗迹中的 60 米烟囱对周边视觉的可达性影响是超出预期的。这意味着，老厂区的锅炉房烟囱在其周边生活的人们的记忆中是一个重要的场所符号，它强烈地关联着该场地的情感价值和历史记忆，时时刻刻如同灯塔般联结着人们共同的记忆。与此同时，遗存下的烟囱本身即为工业时代下的历史缩影。因此它在本项目中所扮演的角色将起到至关重要的作用，设计师决定以工业遗迹的“灯塔”为起点着手场地新生的策略。

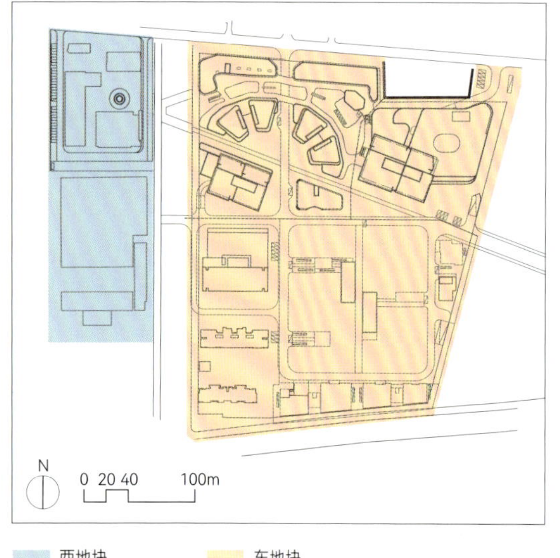

区位图

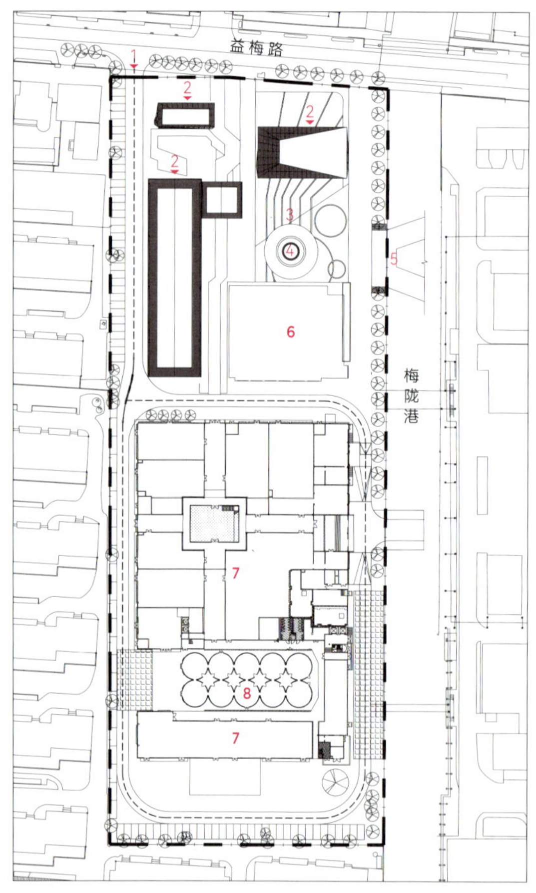

西地块总平面图

由于该项目与同属“上海力波中心”的东地块几乎同步展开设计，于是在当时，设计师将东西地块的整体规划联动考虑。力波啤酒厂老厂区西地块主要以修缮改造为主，而东区主要为新建的独栋式花园办公，AAAAA 级写字楼，购物中心，开放式商业街区以及住宅组成的居住生活与商务休闲街区。经综合研判，规划结构确定以一条东西向道路主轴贯穿连通各地块，从东侧的“力波中心”主要端口节点连接至西侧力波老厂区“灯塔”处。使其具有双重属性：一、轴线联结了地块中各功能单体，成为“力波中心”激发场地活力的“活力动线”，使东西地块能够相互联动，活力共生；二、这条主轴线将成为整个“力波中心”的视觉主轴，在轴线的终点，老厂区西地块留存下来的最有标志性的场所遗迹——60 米的锅炉房烟囱，将一览无余的呈现在人们的视野中。由此，设计师以“活力动线”的故事开端着手西地块老厂区的更新策略，以老厂区的“灯塔”作为场地遗迹的精神原点对西地块进行空间结构重组，吸引周边人群联动“力波中心”东区的方式来重新激发场地活力，在延续场所记忆的同时补足附近居民的公共需求。

多维空间营造，重塑场所精神

项目整体以 5# 号楼南侧道路以北为商业北区，共包含四栋建筑和一座工业烟囱。西地块北区以锅炉房烟囱所在位置定义为重塑场所精神的核心节点，将其打造为“灯塔广场”，并以其为核心空间。通过“疏 + 导”的设计手段，将原渣仓空间敞开，开辟出一条由益梅路从北向南的视觉通廊，中间穿过渣仓遗迹所构成的灰空间，与“活力主轴线”共同交汇在“灯塔广场”中。视觉通廊打破了原本“灯塔广场”与其主要入口的封闭关系，使得过往的人们被引导进入此处开启老厂区的场地叙事，在重新激发场地活力的同时也一定程度上弥补了该区域本身所缺乏的公共需求。同时在此基础上梳理人车分流，将主要的车行道改为地块西侧，使得与南北向的视觉通廊互不影响。北边面向益梅路的部分注入商业业态，南边和西边环绕着“灯塔广场”的部分分别注入展厅、创意办公、特色商业等功能。西地块北区将以“灯塔广场”为场所精神原点向周边区域释放积极影响，吸引周边的人群。

针对西地块的南区，由 5 栋组合而成的大体量建筑。南北区通过贯通南北的轴线相连，南区则顺应东西两地块的流线关系以东西轴线贯穿。整体呈现十字形空间结构。设计一方面优化了南北轴线周边各功能模块之间的联系，解决消防疏散等问题；另一方面他们自成体系，围合出活动广场，延申为观景平台，打破室内外边界，模糊了公共和私密的绝对界限。

此外，在公共空间方面，项目规划了 3.23 公顷用地作为防护绿地与城市发展备建用地，绿地将与调整地块同步实施建设。建成后，约 3 万平方米的力波公园将与周边的嘉川小游园、梅陇公园等共同组成市民的公共活动空间。在这里可以居住、生活、办公、吃喝玩乐，让整个园区通过业态组合和功能融合，真正成为充满魅力的城市公共场所。

多元功能组织，营造场所魅力

设计充分考虑项目定位及业态后续的复合使用，通过灵活的微改造，保留场地多元性，为后期不同业态的引入提供可能，从功能单一的车间厂房，向现代多功能空间进化，承载企业办公、商业、展示需求，同时引入具有文化生长力的创新业态，成为园区其他办公和商业的有效和差异化补充。

西地块力波啤酒文化广场鸟瞰

精酿体验馆内部

作为整个项目的记忆点和商业 IP，由当年锅炉房改造而成的力波 1987 精酿体验馆，通过融合博物馆 + 休闲娱乐 + 配套餐饮等功能，成为力波项目独一无二的记忆点和商业 IP。精酿馆总面积约 1400 平方米，可容纳 180 余人一起就餐。餐厅主打工业复古风，裸露的水泥立柱、老式工业管道、旧自行车及其他保存下来的老旧机器，与不锈钢的啤酒发酵罐、开放式厨房相互碰撞出创新火花，保留原有的风貌并兼顾用餐的舒适度和观赏性。精酿馆二楼改造成秀场，可举办时装秀、电竞比赛等潮酷活动。此外，将单层 5000 平方米不见天日的大仓库，通过天井及采光天窗的设计，改造成透亮的创意活动基地等，旨在打造集活力创新、文创体验、科技时尚、人文怀旧功能于一体的复合型创意园区。同时，力波项目的东地块包含 9 栋独栋花园办公楼、5A 甲级写字楼、minimall、block 街区、租赁住宅和公园等多元的产品类型，可满足市场对办公、住房和生活空间的多样化需求。目前，园区内已吸引了不少优质文创企业的入驻。

遗存建筑再生，延续历史文脉，保留情感价值

老厂区遗存建筑除煤坊渣仓为钢结构外，其余均为砖混结构。经过专业的结构检测人员评估后，除一些因年久锈蚀变形严重的结构需拆除外，基本都通过局部加固后保留利用成为各单体的主要结构。对于留存的几个建筑单体，设计师通过提取坡顶厂房原有的折线语言解构重组后，作为统一整体风格的设计手法运用在各单体上。“原始结构为骨，新生部分为皮”——利用遗存 T 型钢架作为结构基础，使新生部分从原有结构中“生长”出来。立面分隔以原结构的阵列模数作为划分逻辑，回应了原厂房的历史空间节奏，末端则以简洁的坡屋顶作为收口。在面向“灯塔广场”方向的立面利用视线的贯通，打破室内外的界限，加强与其的联系，因此主要的采光和观景面拆除了非结构维护墙体，使用完整大面的落地玻璃，使面向“灯塔广场”的视线都能交汇于此。

考虑到和遗存建筑结构的共生与协调，立面材料上选取了银白色穿孔铝板和古铜色铝板。在单体的门头以及雨棚位置，使用古铜色铝板作为点缀，除了对建筑轮廓勾勒压边外，也暗示了建筑内外空间的逻辑关系。银白色穿孔铝板带来简洁，干练的立面形象。在一些关键的空间节点位置如渣仓灰空间，将建筑的部分原始结构直接暴露于空间之中，加强空间的历史氛围同时延续了工业厂房的性格特征。在与原始结构相贴合部分，经过特殊设计后的穿孔铝板呈现出远近两种尺度的纹理效果：远尺度带来的纹理变化以及近尺度的层次细节。当阳光在银白色铝板留下印记，经过穿孔密度的疏密变化，铝板将呈现出对应的颜色变化，对时光的流逝给予回应。而建筑的原始结构也在此处若隐若现，相互交织，达成了新的平衡。

作为重要历史符号的原锅炉房烟囱主体改动较少，仅做了主体结构加固和涂料翻新。涂料颜色主要以白色及浅灰为主要色彩基调，虽然主体经过了涂料翻新，但是烟囱历经岁月蹉跎的粗糙表面仍能触手可及。主体下部镶嵌了一片轻薄的古铜色铝板圆环，在满足了照明的需求下，将不对称的异质特征注入稳定的空间内，为广场增添了一丝动感和趣味。

力波啤酒厂改造项目不仅仅是一个工业厂房改造的项目，而是在区域转型发展过程中的一次产业迭代升级、场所遗迹更新改造的积极实践。它在尝试使新生的厂房在延续历史文脉与保留情感价值的基础上，赋予旧工业厂房独特的性格和时代气息，而又能满足人们新的生活方式。力波啤酒厂改造项目通过整体的规划更新思路、多元的功能空间营造、巧妙的建筑再生的手法，既留存了城市历史文化记忆，形成了历史与现代的融合发展，又激发了城市的新动能，焕发了城市更新中的新生机。

提资单位：上海日清建筑设计有限公司
广州市竖梁社建筑设计有限公司

穿过渣仓的视觉通廊

武夷320
——叠合、共享与多元

地点：上海市长宁区

沿武夷路立面

***项目特征：**在繁华的上海市长宁区，武夷路以其独特的历史韵味和多元的文化氛围，成为城市更新的一大焦点。上海武夷320城市更新，便是在这样的背景下应运而生的。面对丰富的历史资源和复杂的空间环境，项目确立了以历史叠合为前提、社区共享为出发点、多元共荣为目标的设计策略。通过精细化的城市更新手段，旨在实现武夷路从空间零落到形象鲜明，从封闭孤立到公共共享，从业态落后到多元共荣的华丽转身。在此过程中，“叠合、共享、多元”不仅成为设计的核心理念，更是推动城市有机更新的重要动力。更新后的武夷路320街区，其空间品质得到了显著的提升，实现了社会效益与经济效益的双赢。在项目的策划、设计和运营过程中，始终坚持高度统一和创新尝试，共同营造出一个充满活力、和谐共生的街区环境。*

武夷320城市更新项目坐落于上海市长宁区的心脏地带，具体位置在武夷路320弄。这片区域处于定西路与安西路之间，南侧紧邻繁忙的武夷路。项目的地理位置赋予了它独特的城市地位和文化价值，同时也带来了一系列的挑战和机遇。

武夷路，这条始筑于1925年的上海老街，原名惇信路，由公共租界工部局越界筑建。沿着武夷路两侧，历史建筑如同时间的印记层层叠加，记录了上海从近代到现代的城市发展脉络。这些建筑物不仅代表了不同时期的建筑风格，更承载了丰富的历史文化价值。随着时间的推移，武夷路区域面临着诸多挑战。一方面，由于地处高密度中心城区，空间资源紧张，公共环境压力增大；另一方面，历史建筑的保护与更新需求迫切，需要与现代城市功能相协调。此外，人口结构的多样化也带来了对公共空间和服务设施的不同需求。

正是基于这样的背景和挑战，武夷路迎来了城市更新的契机。项目希望通过精心的规划和设计，实现历史记忆与现代功能的完美融合，打造一个开放、共享、多元的城市公共空间。这不仅要求对历史建筑进行恰当的修缮和保护，更需要在尊重历史的基础上，引入新的功能和业态，激活街区的经济活力和社会效益。同时，也希望通过这一更新项目，为周边居民提供一个高品质的生活环境，促进社区的和谐与共荣。

深入理解和精准把握人群需求

在场地的人群构成方面，项目调研发现这里的人群类型多样且复杂。由于地处老城区和公共租界的边缘地带，这里既有比例不小的老年人口，也有不少新来的办公人群。不同的人群有不同的需求：老年人口需要安静、舒适、便利的生活环境；办公人群则需要便捷、高效、富有活力的工作环境。同时，还需要关注到低收入人群和高龄人群等特殊群体的需求。

在满足人群需求方面，项目也进行了深入的思考和探讨。例如，在保留原本菜场功能的基础上引入新型业态，既赋予了街区活力又关注了低收入人群的生活需求；在公共空间的营造上注重开放性和共享性，使其成为周边居民饭后漫步、休憩游览的社区邻里中心；在建筑风貌的改造上尊重历史叠合感和空间丰富度等。这些策略的制定都基于对人群需求的深入理解和精准把握。

以历史叠合为前提的建筑风貌改造

武夷路320街区的更新设计通过深入挖掘每一座建筑的历史价值，以一种尊重历史、珍视文化的“历史叠合”理念为核心，对街区内的建筑群进行了细致入微的整理和匠心独运的融合。

初到基地，一座三层楼简易房面街而设，左右各有通道探入。304号地块被三栋厂房填满，边界

庭院回望公共通道

模糊。其中混凝土排架厂房柱、三角形钢结构屋架厂房建造于20世纪60年代，最初为上海第一水泵厂仓库；90年代加建轻钢结构厂房，整体转变为美加乐农贸市场，成为武夷路唯一的菜市场并承载市民日常记忆。另一侧320号地块由三座20世纪30年代的现代风格花园洋房与其间不同时期搭建的建构筑物组合而成。在后期仿欧风立面线脚粉饰下，独栋花园洋房的建筑边界难以识别。其间小开间、窄巷道、楼梯与室外平台交织，形状和节奏难以预判，游走其中会产生探险感。基地历史层叠，设计需保留并传递其原始的震撼。

相较于单体建筑，街区整体肌理的保留更为重要。除北侧临街一栋三层楼建筑被调整为公共绿地外，其余街区格局均得以保留。然而，随着时间的推移和使用功能的变更，建筑原貌日渐模糊。设计团队通过调研和资料查阅，针对不同年代和风格的建筑制定四级保护改造策略：拆除重建、修缮、再生性改造和既有建筑更新。规划中，违章建筑将被拆除，岌岌可危的建筑将按原轮廓复建，现代风格的三座花园洋房将被修缮，对两座20世纪60年代工业厂房将进行再生性改造，以适应新功能和容量需求。为保留原始肌理，设计谨慎选择加固方式，如粘钢加固和加厚混凝土柱。后期搭建的建构筑物将去除影响采光通风和存在安全隐患的部分，保留大部分建筑实体和空间格局，结合花园洋房营造全新但似曾相识的空间体验。

在保留街区肌理的基础上，设计根据使用需求，在厂房内部置入新体量以扩大面积。新体量通过平台和连廊等，与分散建筑连接成整体。立面材料与花园洋房统一，为白色水刷石，局部为中灰色铝板。新增体量包括面向公共通道的盒体和北侧跨厂房锚固的圆弧顶空间。底层立面面向公共通道，与花园洋房形成对话关系。北侧厂房中部冒出灰色钛锌板顶面，暗示过去的圆弧彩钢板棚屋。花园洋房、厂房和新增建筑体量构成地块的新形象。地块仍保持探险体验。

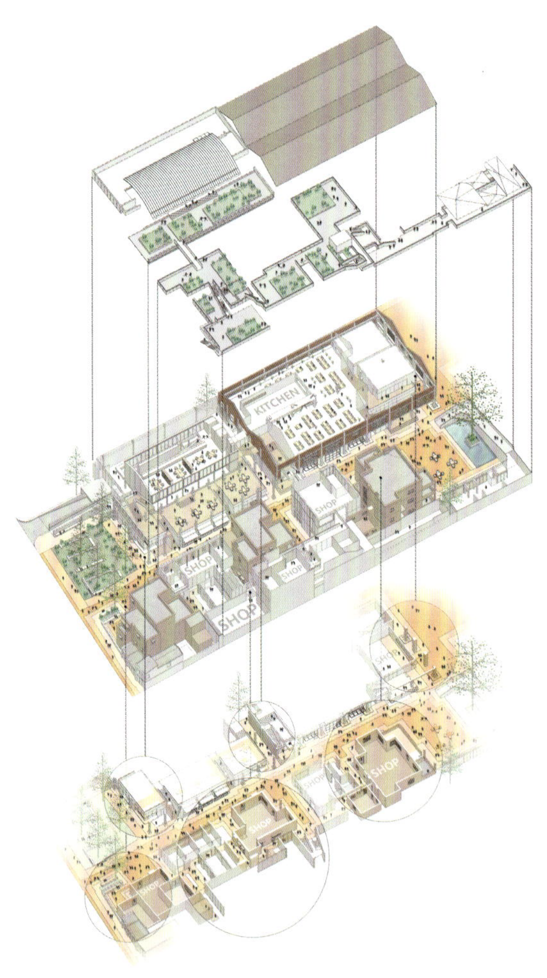

轴测图

通过精心的修复和再设计，武夷路320街区焕发出了全新的生命力，成为了一个集历史、文化与艺术于一体的城市公共空间。这里的每一座建筑都仿佛是一位沉默的历史见证者，用其独特的方式讲述着过往岁月的故事，让人们在漫步其中时，能够真切地感受到历史的厚重与文化的沉淀。

以社区共享为出发点的公共空间营造

在当今城市更新的进程中，公共空间的营造扮演着至关重要的角色，它是连接社区、凝聚人心的纽带，是不同年龄段居民共同参与、共享快乐的公共平台。团队在设计理念上大胆创新，摒弃了传统社区封闭、单一的模式，转而倡导“社区共享”的核心观念，旨在构建一个全天候、全年龄段适宜的开放型公共空间。

根据控规，地块内一条 5 米宽的道路被规划为 24 小时通行的公共通道。然而，这条道路的现状显得有些孤单和单调。于是，设计在 320 号地块底部，巧妙地利用建筑间的缝隙和灰空间，串联起一条与公共通道相连通的次级小径。地块东侧的菜场也提供了室内路径，与公共通道和小径共同形成了三条南北贯通的公共动线。这些动线通过东西联络道相互连接，构成了一个完整的慢行网络。这个慢行网络就像一条大链条，在交叉路口处逐渐扩大，包裹住广场、庭院和灰空间，成为片区内的重要节点。这些节点空间不仅为人们提供了交通的便利，更成了公共交流的场所，让武夷路的公共空间焕发出新的活力。

随着厂区建筑的陆续建成，盒体空间与公共通道的需求相互呼应，使公共通道得以演变成更加丰富多彩的街道空间。而负型公共空间则渗透到厂区的各个角落，错落有致地堆叠成灰空间，如檐廊、骑楼和开放平台等。这些灰空间不仅柔化了厂房的边界，还使室内功能得以延伸到檐廊，与街道产生互动，进一步丰富了街道的空间场景。

鸟瞰

公共垂直交通设施被巧妙地布置在放大节点处，引导人流到达夹层平台及屋面。经过清理整合后的屋面被释放为可向公众开放的露台，不仅拓展了室内空间，还连接了空中漫游路径，为游客提供了俯瞰武夷路片区的独特视角。

通过疏通慢行脉络，武夷 320 城市更新项目成功地将南北两侧的地块纳入其中，与片区的慢行系统形成连通。这一举措不仅指引了首层慢行空间的跨地块连通，还带动了地块的更新和改造，有效地改善了慢行交通环境。地块南侧与办公地块相邻，利用骑楼空间与昭化路实现了连通。未来，随着界墙的拆除和简易房屋底层的打通，公共通道与办公地块庭院的连接将更加紧密，将进一步提升武夷路与昭化路之间的南北向联系。

武夷路北侧片区 同样面临着慢行断点的挑战。然而通过与本案同步更新的地块功能定位，有望取消界墙，进一步梳理出各地块内部的南北向通道以及北端的东西向巷道。这将实现安化路至安西路的慢行连通，为片区织补出更加完善的慢行空间。

以多元共荣为目标的复合功能引导

单一的功能布局已无法满足现代城市发展的需求，因此，项目以“多元共荣”为核心理念，致力于打造一个功能丰富、活力四溢的社区环境。

项目在规划武夷路 320 街区的新功能布局时，首先对原有街区的功能进行了深入分析和梳理，然后保留并强化了其居住功能的核心地位，确保居民的生活品质得到充分保障。在此基础上，进一步引入了商业、文化、娱乐等多种功能业态，旨在满足居民日常生活的多元化需求，引导不同群体在街区内进行消费、交流和休闲活动。

这种复合功能的设计理念在提升街区经济价值的同时，也增加了其社会价值和文化价值。通过鼓励商业、文化、娱乐等多元产业的融合发展，项目成功地让武夷路 320 街区焕发出了新的生机与活力。如今，武夷路 320 街区已不再仅仅是一个居住区，更是一个集居住、工作、休闲、娱乐为一体的多功能社区。

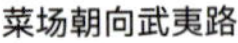
菜场朝向武夷路

实施成效

更新后的武夷路320街区，形象焕然一新，空间品质得到了显著的提升。原有的历史建筑被巧妙地保留并融入了现代设计元素，使街区既有历史的厚重感，又充满现代的活力。菜场的保留和优化升级，不仅延续了街区的历史记忆，也为居民提供了更加便捷、舒适的生活环境。同时，文创、餐饮及创新型业态的引入，为街区注入了新的活力，吸引了众多年轻人和老年人的到来，形成了和谐共生的公共空间。

此次更新改造实现了社会效益与经济效益的双赢。一方面，通过保留和优化原有的菜场功能，关注了弱势群体的生活需求，强化了社区认同感，提升了居民的生活品质和幸福感。另一方面，新兴业态的引入和新锐商户的入驻，为街区带来了更多的人流和消费，促进了区域经济的发展。

在策划、设计和运营过程中，项目始终坚持高度统一和创新尝试。从策划阶段开始，就注重挖掘街区的历史文化和社区资源，将其与现代城市更新的理念相结合。在设计阶段，注重空间的舒适性和功能性，力求打造既美观又实用的公共空间。在运营阶段，注重与商户和居民的沟通与协作，共同营造出一个充满活力、和谐共生的街区环境。

提资单位：同济大学建筑设计研究院（集团）有限公司·都市建筑设计院·原作设计工作室

厂房内灰空间

萃荟社区商业中心
——工业空间承载复合业态

地点：上海市静安区

鸟瞰

***项目特征：**莘荟社区商业中心位于上海市静安区北宝兴路624号，是一个集特色商业、创意办公与长租公寓为一体的新社区商业中心。街区内原为工业建筑组群，由一座冷库及配套车间组成。水石的城市再生设计部门承接了该项目的改造工作，结合场所本身的工业空间特质，在既有建筑的框架下充分挖掘空间潜力，通过精准的项目定位、复合的功能业态组织、多维的更新改造策略，促使整个社区焕发活力，从而形成独一无二的全新城市共享空间。项目于2021年5月完成更新改造，改造后的莘荟成了大家放松心情的港湾，周围的居民成了这里的常客，使之成为转念即达的烟火社区。*

北宝兴路624号，距离上海大学延长路校区700米，是一片安静的老冷链仓库，厂房被三面居民区包围着，四周绿树成荫，感觉已经被城市所遗忘。这里曾经是上海联华生鲜食品加工配送中心，由10栋大大小小的建筑错落组成，包括生产车间、冷库、配送场地、待发库、仓库、办公楼、生活楼等。随着城市的发展及冷库功能的外迁，此配送中心于2016年关闭停产，往日在工厂生产劳作的场景因停工搬迁戛然而止，既有场地和建筑也面临着功能升级与空间再利用的需求。厂区承载了工人们的集体回忆，更是一个时代的缩影。这块地的价值优势明显，而现在的旧厂房已经停用，需要进行资源整合，更新老厂房，再次激发它的生命力。

项目主要辐射大宁路街道、凉城新村街道、共和新路街道和广中路街道，在半径1.5千米范围内的居民超过20000户，再加上上海大学延长路校区超过10000名师生，人口密度是相当大的。这片区域目前缺失一个距离步行可达、尺度上更让人感到亲切愉悦，体验上更高频的社区邻里商业。综合区域客群实际生活需求的调研，老厂房的更新愿景跃然纸上：以原有老厂房为基底，通过必要的修缮，打造一个向周边社区开放的公共街区，通过将原本割裂的社区环境进一步开放，优化城市界面。以步行15分钟可达的生活圈为目标，为周边社区居民提供生活所需的各项配套服务设施。让原先封闭消极的厂区成为提供开放式购物体验、享受家庭亲子生活的乐园，一个有归属感的社区公共空间。同时，以园区、商区、社区、校区四区联动，环上大板块和环大宁商圈双轮驱动，为高层次人才提供创意办公资源。

项目于2021年5月完成更新改造，改造后的莘荟成了大家放松心情的港湾。周围的居民成了这里的常客，三三两两的小朋友和家长们在广场玩乐，享受周日午后的惬意，宁静而温馨。就连路过的人也会被它温暖的气质吸引，想要走进广场坐一会儿，感受精致的设计带来的安全感。整个街区没有招摇的装饰，但处处体现设计师的周到与细致。通过空间和功能的整体提升，封闭的冷库被重新焕活，给城市带来了新的精彩。

首层平面图

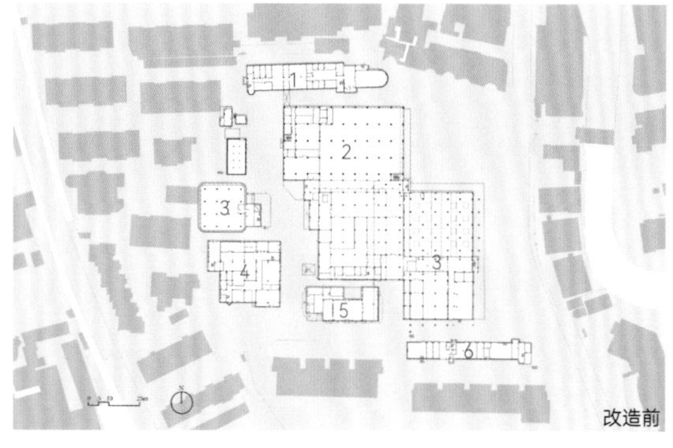

1 办公　　3 冷库　　5 冷冻机房
2 加工车间　　4 生活楼　　6 机修

1 公寓　　4 商业　　7 中餐
2 大堂　　5 餐饮　　8 健身房
3 超市　　6 多功能厅　　9 轻餐

多维度改造，促进社区活力

宜居不止涵盖狭义的居住概念，这里它更多是指通过更新让一部分的城市变得更加美好。项目坚持以人为本的原则，设计一开始提出一个叫作 HUB 的概念，意为接口和枢纽。这个地段本身没有很多活力，周围都是一些老旧小区，对面是养老院，原本的人群构成和使用方式都非常单一，可以用死气沉沉来形容这个社区。想要激活社区，最直接的方法就是让不同的人进来。与业主探讨的结果是，旁边就是上海大学，有很多年轻人。所以项目的定位是希望纳入不同的人群，和这里的老年人、中年人共同构成一个多年龄层次的混合社区，成为让社区更有活力的HUB。项目保留了荟萃最初的城市记忆，同时又让它重新加入了城市演变的新进程中。也可以说，它终于从服务于工业，变成服务于社区，变得更加宜居。

开放性营造，构建复合型社区中心

空间提升为新功能的置入提供了契机。借地块功能升级的机会，改造过程中加入了社区所缺乏的公共服务配套功能。改造后的社区中心业态构成丰富，包含特色商业、创意办公以及长租公寓。项目打造面向周边社区客群的集职、住、玩于一体的复合街区，将冷库转化为具有城市烟火气的社区商业中心。

入口广场的打造是实现“开放性”的第一步。原有货车卸货广场被改造为入口广场，同时它也成为街区的核心空间，整合了建筑的主要商业展示界面。广场的打开实现了社区中心与城市空间的共融，广场宜人的尺度和适度的围合感让人们愿意停留下来。地面铺装和景观设计采用轻松的曲线元素，拼贴的材质和丰富的色彩成为吸引孩子们的兴趣点。建筑首层打开，形成可穿越的底层空间，是实现“开放性”的第二步。拆除底层的围护墙体，暴露出无梁楼盖结构骨架，在保留结构特色的同时造就了一个多样化的可变空间。通过商业体量的灵活布置，可以形成市集、快闪等自由的商业模式。底层路径打通后，从临街一侧界面可以步行穿越建筑底层直达内院，将商业氛围一直延伸到场地的内部，激活整个场地，形成可自由穿越的开放街区。顶层界面的通透化是实现“开放性”的第三步。主体建筑是周边环境中的高点，顶层拥有开阔的视野是这座建筑的优势，将其顶上几层改造为联合办公空间，以带形长窗的方式打开封闭的墙体，通透的界面实现了与城市景观的内外互动。建立城市形象的同时，也为室内办公空间带来绝佳的视野。

首层打通的商业通廊

社区休闲广场

精细化设计，凸显项目特征的塑造

主体冷库建筑为无梁楼盖结构，整体性强，开洞范围只能局限在井字梁的小方框内，结构改造的自由度受限。而冷库建筑由于要植入商业功能，内院或中庭空间必不可少。设计团队与结构加固团队讨论多次，本着尽量避免拆改无梁楼盖结构的原则，考虑打通框架结构的“穿堂”区域，形成中庭空间，并借此将建筑体量拆分为簇状组团。

用精巧的手法保留工业建筑的气质与记忆是改造设计的另一个策略。尽可能挖掘原有立面的潜能，在建筑现有基础之上进行局部更新及整体化处理，采用简洁高效且性价比高的材料和手法，凸显既有建筑的工业特征。如17号楼西侧立面的改造设计中，结合室外疏散楼梯的设置，让既有结构框架与疏散楼梯共同参与立面构成，成为具有工业特征的立面元素。

主体建筑立面采用朴素的窗墙体系，窗墙的比例经过反复推敲。商业体量的立面处理分为上下两部分。首层及二层体现开放式街区的概念，形成开放气候边界的柱廊空间，并与局部的玻璃界面相结合；三、四层立面尽可能保留现有外墙，并在外部通过穿孔金属板装饰，加强整体感和商业氛围。用简洁的手法和性价比较高的材料，实现改造后的精致感。

室内空间也不追求商业建筑眼花缭乱的效果，而是尽量以质朴的方式凸出建构特征。水石与傲石设计合作完成的室内设计延续了建筑的工业气质，采用有水泥感的涂料，给人简洁干净的感觉，拉伸金属网半透的效果凸显细节，多种材料保持统一和谐的灰色调，与室外材料协调配合，形成较强的整体性。

多样性需求改造，激发可持续更新

从城市更新的角度来看，改造莘荟最核心的价值是认识到城市更新是一个动态的过程。莘荟的改造与其说已经完成，不如说是一个开始，它在社区自我运营和自我填充的过程中会产生更多的可能和想象。它未来一定会不停地变化，不管是功能、业态，还是立面等，都会持续改变。设计只是启动了这些变化而已。现在的莘荟，使用人群变得更多样化，事件也变得多更样化。例如广场上的摇摇车、旋转木马，或者各种各样的活动等。社区居民已经逐步去定义适宜的生活。所以更新设计，更多的是提供一个能够激发想象的合理框架，允许故事发生。真正的城市建筑是永远在路上的。比起拆除重建，变成一个彻头彻尾的商场，莘荟的方式更能体现城市的可持续性价值观，用更新的态度和复合化的方式营造出一个社区中心，不断修补与城市地空间关系，产生新的内在驱动力。设计的转变让落后的建筑重新追赶上城市的脚步，再次加入城市发展的进程当中。

■ **提资单位：上海水石建筑规划设计股份有限公司**

· 长白新村 228 街坊——复合型社区公服集聚地

· 乐山社区——街道公共空间的释放与再生

· 长桥街道汇成片区——一体化治理与活力再生

· 宛南六村——“三旧”变“三新”的老旧小区改造实践

社区更新

COMMUNITY RENEWAL

长白新村228街坊
——复合型社区公服集聚地

地点：上海市杨浦区

鸟瞰

***项目特征：**杨浦区长白新村 228 街坊租赁住房及城市更新项目，总建筑面积约 43960 平方米，设计于 2018 年底，经历整整四年的建设，于 2023 年 4 月底正式完工投入运营。长白新村 228 街坊是第一批“两万户”工人住宅，是当时解决工人居住问题的有效样本。而今，它成为一个集长租公寓、智慧型净菜超市、特色社区食堂、文化艺术培训、休闲健身运动、中心绿地和便民配套等多重业态于一体的文化商业综合体，已成为复合型社区文化活动场所。经过一年的成长与蜕变，长白新村 228 街坊城市更新项目已成为上海市城市更新的标志工程，也是上海工业文化的潮流地标，得到了新华社、《解放日报》、《新闻晨报》、上海杨浦等媒体的广泛报道。*

从上海开埠至 1949 年，上海工业的发展使人口涌入，而旧社会无力解决问题，导致租界周边工业区棚户（贫民）区大量出现，内部生活条件恶劣。上海带着严重的“房荒”与住宅问题进入社会主义阶段。20 世纪 50 年代，为了解决工业区劳动人民住房紧缺的问题，上海市政府建造了一批工人新村，当时这种标准化的住宅被称为“两万户”。1953 年，在沪西、沪东和沪南的工厂区附近建成一批工人住宅区，共计 2000 个单元，每单元可住 10 户。本案所处的长白新村 228 街坊则是首批完成的“两万户”工人住宅，成为工人新村的典型代表。1979 年，经过了近 20 年，“两万户”的居住空间逐渐趋于局促和滞后。228 街坊通过在建筑南立面扩建的举措，为每一户居民延伸出 9.5 平方米的额外空间，居住压力稍许缓解。2002 年，“两万户”终于再也无法满足当下的居住需求，已呈现出功能空间过度利用、缺乏管护的破败之态。因此，杨浦区开始进行最大规模的拆除改造，而长白新村 228 街坊的 12 栋建筑是仅存的尚未改造的“两万户”住宅。2016 年，第一批“两万户”居民完成集体搬迁，遗留下具有时代烙印的“两万户”城市历史空间。

“两万户”的出现是顺应时代背景、解决社会问题的一次探索与实践，体现了社会主义制度下人民政府对工人阶级的关怀，成为上海 1949 年后首批城市规划和居住模式的成果和样本。

初建之时，“两万户”的规划格局参照苏联集体农庄，呈行列式布局，且在社区周边配建商业及服务配套，每二百户设置一个社区共享的中心花园，是邻里间的交往场所。而建筑平面选择一室户作为通用标准，上下两层，五户共享厨卫浴。服务功能的标准化设计，给当时社会主义公平原则之下的住房紧张提供了有效的解决方式。

长白新村 228 街坊作为目前最为完整的“两万户”建筑群落，承载着前人解决社会问题的智慧、经验、技艺，也是时代精神的纪念之地。希望能保留这片土地以人为本的初心，延续勇于探索的实践精神，顺应时代的发展，满足人民的需求，让 228 街坊实现从单一的“居住功能”向“公共复合性功能”场所的转变。

保留格局，回应历史

在解读地块的历史、原始城市规划之后，提炼其空间价值，保留 12 栋风貌建筑及其与中心庭院形成的工人新村集体记忆的重要空间类型规划格局。在此基础之上，在长白路上设置的两个入口对应两条轴线。西侧历史文化轴线，以两栋展览馆结合纪念性入口广场为起点，经过三栋社区文化生活馆，延伸至新租赁住宅。东侧为新城市文化轴线，以商业入口为起点，经过社区净菜超市、社区食堂、多功能室、儿童剧院，最终到达中心广场。两条文化轴线在原始空间格局中碰撞出不同的人物活动和精彩事件。

从向城市边界开放的人行出入口进到基地后，沿着两条文化轴线漫步，路过山墙和宅间绿荫，体会空间感、时间感和流动性，回望感受历史，向前展望未来。最终在中心广场相遇，南现风貌，西望文化，东享公配，北遇高点，形成唤起场地的历史记忆和展望城市化文明的双重体验。在这里，两万户住宅组团围合而成的约 4000 平方米的中心广场曾经是工人们休憩的重要场所，现今将其保留并打造成复合性与纪念性并存的理想场所，使它承载了更多的可能性。同时，秉持邻里共享的建筑理念，释放中心草坪等公共空间，在建筑中融入新的建筑材料和科技技术，如将风动幕墙、立体投影和智慧管理系统嵌入其中，在白天和夜晚都能呈现丰富的展示效果，成为一道灵动的风景线。

设计团队经过细致的现场调研和历史考证，对“两万户”原始建筑外墙面、门窗、屋面、内部空间和特色构件进行了保护更新。保留“两万户”立面门窗元素的类型、样式，同时从规范及使用要求上对所有的门窗进行归纳优化，形成标准化体系。

政策创新，重塑内核

2015 年开始，上海城市更新开始向小规模、渐进式的有机更新转型。228 街坊是上海仅存的“两万户”住宅，在充分调研评估区域配套需求的基础上，228 街坊项目既要补充周边居民急需的相关配套设施类型，更希望将商业业态布局融入“15 分钟社区生活圈”建设，将 228 街坊打造为一个引领区域文化潮流的商业综合体，增加“性价比高的”“幸福感强的”“生活便利的”“创新体验的”业态，重新激发活力。

设计采用有机更新的思路和方法，进行了控规局部调整和开发量统筹。12 栋保留原始风貌的建筑以原位复建功能更新的方式，植入商业配套、社区文化、公共服务等复合性功能业态，从内激活场地，能量辐射周边居民。新建租赁住宅则是呼应当下“加快发展住房租赁市场”的民生需求而生。新建筑的

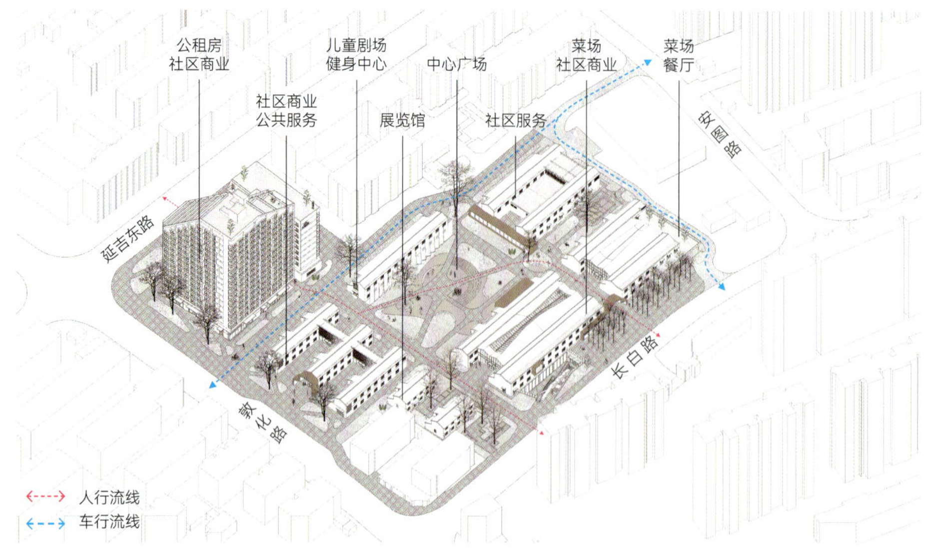

功能分区及流线

场地入口

中心花园

山形体量退让出层层屋顶退台，将给年轻的公寓创造无限可能性和趣味性，成为每层住户的休闲、锻炼、社交的场所，顶层宽大的屋顶露台又为公共聚会活动提供了更大的平台。在立面材质上，新建筑提取“两万户”风貌建筑的立面质感、肌理和色系，除了尺度近人的底层配套商业区使用石材之外，其余的材质都和风貌建筑保持一致，相互融合。

延续风貌，分级更新

经过不断的模型推演，项目将一层由原来的 3.0 米加高至 3.6 米，二层由 2.7 米加高至 3.2 米，总体高度增加 1.1 米。空间比例上基本维持原 1 层单坡、2 层双坡屋顶的坡度，整体建筑相当于放大了约 1.2 倍。通过与“两万户”屋顶形式呼应的顶盖连接前后的“两万户”建筑，使优化后的建筑具有普适性。

同时，根据植入业态所需的空间来划分改造尺度的等级。第一等级：商业配套组团（社区净菜超市、社区食堂）通过用金属瓦屋面将两栋建筑覆盖并联、打通建筑内部的方式创造大跨度的商业空间。第二等级：社区文化组团、公建配套组团（文化活动室、多功能厅、养育托管中心等）通过局部放大空间体量来承载复合性的文化及服务空间。第三等级：儿童剧场、健身中心建筑通过给风貌建筑增设外向型装置的方式，形成“场地 + 材质 + 情感”的和谐统一，综合展示艺术性，丰富场地的体验。第四等级：两栋历史纪念馆保留 1:1 的比例原位复建，并还原原始结构空间，成为回望历史文化和重温集体记忆的重要场所。

以人为本，兼顾公益与发展

在项目整体运营中，运营方坚持将 228 街坊打造成接地气、烟火气、有人气，全年龄段人群共享的幸福社区，并联合长白新村街道和商贸集团等单位，合力推动更多便民、公益类业态入驻 228 街坊。

228 街坊在商业引入上基本上满足了全时段、全年龄段人群的需求，从不同的连锁品牌到不同菜系的搭配，提供从早、中、晚餐到夜宵的各类餐饮。与此同时，配有 450 套精装公寓的保障性租赁住房成为城市青年的安居之所，为 228 街坊增添热闹与活力。

同时，自开业以来，228 街坊已经组织开展了 20 余场系列活动，主要包括招聘会、亲子互动、曲艺演出、打卡游园会、国潮优品市集、非遗技艺展示、夏日睦邻市集和单身青年交友活动等，吸引了众多居民参与打卡。

作为上海城市更新试点项目之一，228 街坊通过深度挖掘历史回忆、保留有价值的规划空间、采用有机更新的建筑分级保护方式、寻找公益和发展的平衡等探索与实践，最终让这个承载着劳动人民幸福生活的工人新村在新的时代潮流中焕发出新生的魅力，从而获得各界的认可与好评。参与的每一方都始终贯彻“以人为本”的初心，以市民是否满意为衡量的最高标准，本项目对上海的城市更新实践产生了重要的参考价值。

提资单位：上海日清建筑设计有限公司

乐山社区
——街道公共空间的释放与再生

地点：上海市徐汇区

***项目特征：**上海第一批“棚改户”代表——乐山新村，随着其毗邻的徐家汇商圈逐步走向国际化，显现出形象陈旧和配套不足等问题。由于这是“上海15分钟社区生活圈”试点项目及国际商圈后街的活力社区，水石设计从城市的角度对街区更新进行了全面系统的思考，让其形象、功能与徐家汇接轨成为改造的主要目标，同时兼顾不同人群关爱以及宜居、健康等理念。乐山社区街道界面以商铺、围墙和公共景观构成，设计中对于建筑立面改造、围墙改造、景观提升均做了细致的专题研究。设计过程中设计团队与街道、产权方、使用者多方协调合作，力求实现多方价值平衡。乐山新村在完成整体改造提升后被纳入国家住建部第一批城市更新老旧小区改造的示范型小区。*

乐山新村位于徐家汇的西侧，是一个在20世纪80年代由棚户区改建而成的高密度老小区。从菜场、学校到集中绿地一应俱全，但因受到场地的限制，所有的公共设施与住宅楼以最小的间距排布在一起，除了中心绿地之外，整个街区几乎没有什么开敞的空地。道路是乐山社区居民最典型的户外社交空间，但在改造之前狭窄的人行道上既有乱停放的非机动车，也有居民晒太阳时坐的一排凳子，还有在老人们唠嗑间留下的垃圾，让街道管理团队很是头疼。

由于这是“上海15分钟社区生活圈”试点项目，水石设计从城市的角度对街区更新进行了全面系统的思考。每个不同的场景在15分钟生活圈的体系中可以分成3个层次：街区慢行网络、口袋空间和服务设施。对人行空间进行梳理和分区，让围墙实现局部的凸出和凹进，局部放大狭窄的人行道，营造出可供临时休息等候的口袋空间，并设置遮雨棚。对街道两侧的边围要素进行品质提升，梳理了边围的类型，分为建筑和围墙两种，针对类型特征分别进行提升设计，其中在幼儿园引入了折纸墙的概念，巧妙地将缺少等候空间、缺少趣味性、不透绿等问题一次性解决。对街道上的家具设施进行补充，对沿街绿化、灯光、座椅等设施进行摸排，完善街道空间的服务能力。此外，对街区必要的配套点位进行设计，包括26路公交车站、公共卫生间、垃圾站房界面以及各类商业界面的更新。设计中提取海派文化的色彩与材料，积极营造首层界面，在乐山路入口的立面改造中，充分考虑各方向人流进入街区的视线，整体化处理立面来调整视觉尺度。设计过程中设计团队与街道、产权方、使用者多方协调合作，力求实现多方价值平衡。

街区更新是系统性的城市公共空间设计思考

不同于单体建筑更新或景观更新，街区更新相对更聚焦于两个方面：一是挖掘特定区域的城市公共空间与城市公共生活的问题，二是梳理政府可改动的空间资源；最终将两者进行匹配。系统性的思维逻辑加上针对街区特质的定制化思考，为具体点位的空间设计提供判断依据。

在改造之初，项目组走访了居委会与居民。从反馈中发现，居民的改造诉求更多集中在小区内而非小区外，人们并不清楚应该对自己住了三十多年的家园做些什么。随着徐家汇的建设向着世界一流

1 乐峰招待所
2 高建物业/招商
3 26路公交车站
4 鸿昌兴/邮局
5 虹枫大楼围墙
6 海派乐活文化墙
7 党群服务中心
8 乐山市集
9 趣味乐园
10 六七村入口
11 荟选超市
12 乐山公厕
13 绿色健康文化墙
14 乐山绿地
15 乐山生活文化墙
16 乐山幼儿园围墙
17 儿童健康文化墙
18 白领生活文化墙
19 微型画廊
20 二层商业/邻里汇
21 徐汇中学
22 乐山路口围墙
23 广元西路商铺
24 漫步道围墙
25 蒙氏学堂围墙
26 虹桥小学围墙
27 交大出版社围墙
28 市民村景观

总平面图

的 CBD 中心靠近，其毗邻社区的人口结构正在发生变化，更多企业与商业的入驻带来大量年轻的工作人员与到访游客，乐山路将迅速成为服务于徐家汇的综合型服务性街道。这里需要兼顾社区内与社区外的人群需求，需要补充与周边城市发展相匹配的服务、商业与场地配套，打造更有品质的城市公共生活形态与空间。

规划梳理了乐山社区需要将“烟火”与“时尚”融合、将“便捷”与“绿色”结合、将“关爱”与“自治”契合的更新定位，提出与徐家汇文化相匹配的街道场地策划和与开放型城市生活相关的场景设计。在具体的景观与建筑场景设计层面，对场地局促性的认识以及对某些顽固性使用方式的反思，触发了对街道有限空间改造方式的思考。通过对多时段行为的观察、与不同人群的交流以及与街道业主的讨论，项目组用批判性的方式提出了对不同街道元素的改造方案。

让街道可阅读，让乐山街区的文化空间再现

乐山街区的街道空间非常局促，并且大部分都是围墙界面，针对这个问题，项目在乐山街区采用了几种不同的街道边界设计，都是在原先围墙的平面之外，进行空间层次的叠加。通过光影、材料、色彩与植物的不同组合，实现立体且有光影变化的场景。这些场景与它们所相邻的场所有着和谐的视觉关系，由此加深场地留给人们的印象，也使得漫步时有更丰富的视觉体验。

另一种“阅读街道”的体验是通过对街区文化的表现来实现的。通过把与徐家汇发展相关的人文资料以图文并茂的方式呈现在街区的各个节点与慢行动线上，形成“街区美术馆”。其中包含了多个以徐家汇地区的艺术、名人、儿童画为主题的创作，还有一组由六十多块展板构成的“海派之源”人文展墙。

转角花园

此外，水石设计与上海御麟甲艺术中心的吕海岐老师一同创作了一组“乐山”公共艺术，放在了街区在广元西路一侧的街道口袋广场边。这组公共艺术品巧妙地将“乐山”两字变成了可与行人互动的城市家具：利用钢管的旋转形成一组可坐、可倚、可玩的构筑，为在街道边停留的人们增添了一份有趣与独特的体验。

还原街角口袋空间

乐山街区的路网形态很特殊，不等边的街区内有一组内环道，在三个不同方向上与周边的道路相连。这种多折的道路可以让机动车在驶入社区后自然降速，加上道路两侧的绿荫，尤其适合作为漫步道使用。

然而在改造前，乐山街区的道路除了街上的违章停车、人车混行等因素外，在好几处街角上还常会发生让人头疼的不文明大小便行为。在社区规划师与交通顾问的建议下，街道启用了新的管理措施，限制街边停车的数量。而设计则提出了打开每个街角、将视线隐蔽的角落变成公共交流场所的想法，让更多人关注到这里，就能减少不文明行为的发生。

于是，项目将每个街角策划成乐山漫步道中的驿站：在阳角的空间，设计用橱窗、地图和景观花池提供人们可驻足阅读的机会；在阴角的位置，因为这类空间有更好的向外观察的视角，所以会将场地局部抬起，布置上 L 型的休憩座椅与带有夜灯的挑檐，不仅构成对机动车的屏障，而且扫除了夜间暗角落的印象。在这些街角的打造得到了街道和周边学校与企业的大力支持。其中，项目建议在交大出版社外的墙角树立一个转角橱窗，在出版社的精心布置下，橱窗中装入了最新出版的书籍，点亮了乐山漫步道在番禺路上的一盏明灯。

公交车站从便捷功能到社区地标的蜕变

公交车 26 路的终点站坐落在乐山街区的南侧入口。改造前的车站就已经肩负了多项职能：它在设点之初是用来解决乐山住区周边居民出行困难问题的，但限于当时场地的局限，只能在路口紧凑的空间中加盖了车站。多年来，车站利用并不宽裕的场地条件为司机与周边环卫工人提供午休的场所，还在不久前升级为电动巴士车的充电站。但由于先天条件的不足，原有的候车区常年保持着封闭低矮的状态，等候空间不舒适，更成为不文明行为的集中地。

“把车站作为一个街区更新的示范型地标来打造，为街区树立新的形象面貌”的想法得到了街道与巴士集团的支持，在设计深化的过程中，巴士集团的工作人员多次为设计人员分析讲解车站需要的功能要求。因此，设计的关注点也放在了一个更宽敞、明亮且能延续车站服务功能的方案上。

最终车站的改造不仅改变了站台本身，而且调整与提升了车站周边的整体环境。车站的入口树立起了“No.26 Terminal”这样一组字，就像乐山社区新点亮的眼睛，鲜艳的橙色代表了乐山街区的自信，也向外传递出更开放、阳光的社区精神。

为街区注入新生活力，以色彩重塑与视觉引导设计

水石设计对上海大部分的老旧小区进行色彩的数据化分析，发现在硬景部分，建筑物材质与地面材质因年代的原因而显沉闷与混杂；在软景部分，绿度通常所占比例较低，且以几类常见树种为主，层次少；在配景部分，则充满争奇斗艳的店招，以鲜艳大字最为常见。这种组合显得生硬而缺少亲切感，成为大部分老小区的通病。

对乐山街区色彩调整的目标是希望赋予它属地化的特征，使它更具有年轻与不同绿色层次的活力。首先是选择了几组有代表性的低层商铺区域，通过对立面与地面材质的调整，形成街道近人尺度视觉主导的色彩的变化。结合徐家汇主题色红砖的运用，用两种不同质感的面砖进行组合拼贴，形成具有层次与韵律感的立面效果。同时在小区外墙、学校外墙的部分分别运用同一主题下不同材质的砖色材料，将近人尺度部分的底色整体调暖。在小区围墙的处理上，把原先琉璃砖的墙头改造成可盛纳绿植的花槽，把垂兰吊在墙头之上，增加街道的垂直绿度。

街区导视系统是乐山社区视觉设计中的重要组成部分，项目组将乐山社区的公共服务设施精心编撰到乐山社区的指引地图上，并在每一个转角设置了指引标牌。以象征朝阳的橙色作为乐山社区新的标志色，将一系列带有时尚感的标识符号植入街道。统一的街区 VI 与橙色标识设计构成了街道上连续的视觉线索。

让建筑边界转变为更宽敞、安全的社区界面

乐山社区的小区围墙构成了乐山街道的大部分界面。改造前的乐山路两侧，人行道的平均宽度不足 1 米，在有非机动车停放或种植行道树的位置，人行动线都会被打断，迫使人们不得不在机动车道上在各种车辆间来回躲闪。而与此同时围墙的另一

乐山绿地

侧内，则多半是闲置空间，堆放了杂物或长满了杂草。于是设计方案提出，如果能让围墙的位置向红线内做 1~2 米的退让，就可以让人行道一侧的步行空间得到释放。

然而在建议方案所涉及围墙位置变动的小区和学校都投了反对票，原因是大家都误以为这会减小他们的用地产权面积。于是，设计单位与街道工作组展开了逐户上门的当面解释与沟通。

首先，产权证上的用地边界是官方用地权属的法定依据，对围墙形式的改变完全不影响产权人使用这些用地的权利。其次，仔细分析每一片墙被修正位置后所带来的功能变化，都有益于居民的使用：在幼儿园的门外，围墙的退让留出了机动车道与学校接送区的距离，可以让家长的等候与孩子的出入更安全。在小区的墙外，随着墙体的内移，人行道的宽度可以同时容纳行人与停放的非机动车，新建的围墙向人行道伸出一片雨棚，照明设施可以在晚上照亮地面。得益于乐山居民和学校的理解与支持，老围墙终于在大家的共同努力下挪了位置。

实施成效

乐山街区是徐家汇真正推进城市更新的一个转折点，它实现了由点到面的突破。在乐山街区更新之前，对于城市更新的理解还是比较片面的。例如，此前无论是修缮，还是道路整治、绿化整治，都是分不同单项去做的。但是乐山实现了整体性的综合策划与更新，是从区域的层面去统筹考虑的。

乐山街区的改造也是区域发展的必然趋势。乐山街区作为紧挨着徐家汇中心 CBD 的后街，它的空间已经出现了显著的短板，所以对它的改造时势在必行。乐山街区的整体改造，实现了多方面成就：小区综合修缮、地下管线治理、增加电梯、街角公园、道路整治、业态整治、15 分钟社区生活圈的公共服务配套等等，涉及社区生活的方方面面，进行了综合的多要素一体化提升。

广元西路街边口袋广场

一个很重要的经验在于，乐山社区更新在具体点位开展设计之前，做了整体性的规划。在乐山片区总体概念规划时，项目制定了基本定位：健康、友好、开放、活力。这些定位也被分别落实在街区的各个改造层次中。每个层次又被细化成具体点位的设计方向。整套设计流程，每个环节都必不可少。正因为有了前期的总体性规划，才能有效地指导具体点位的设计目标，每个设计点位服从大原则，有效避免了很多由于导向不清晰导致的设计工作的反复。这是乐山社区这个案例的一个开创性的尝试。因此乐山社区更新也成了徐家汇城市更新的示范性样板和城市名片，对其他同类型的社区综合更新项目具有借鉴意义。

乐山社区的街道空间改造前后经历了 8 个多月的设计与现场工作，水石设计联合了规划、建筑、景观及视觉等多个跨专业的设计师团队，从城市、人文、社区治理、场所使用等多个角度进行了反思与设计，为高密度核心城区的街区更新积累了新的实践经验与成果。项目在完成整体改造提升后被纳入国家住建部第一批城市更新老旧小区改造的示范型小区。

提资单位：上海水石建筑规划设计股份有限公司

长桥街道汇成片区
——一体化治理与活力再生

地点：上海市徐汇区

更新后的张家塘港滨水

***项目特征：**围绕上海市徐汇区长桥街道“宜居活力、生态美好”的发展目标，通过整体统筹各相关要素，项目提出“汇成唤新、再造社区文化生境”的更新理念，优化片区整体交通组织，贯通联系公共空间脉络，重点针对西侧带状游廊、中心花园、张家塘港滨水空间等进行系统性更新设计，将消极空间转化为积极空间，打造全龄友好且各具特色的居民休闲活动空间。同时，在更新改造过程中，注重公众参与，街道组织定期召开片区议事会，结合居民诉求不断调整实施方案，多角度、多维度、多层次地推进一体化更新改造，大大提升居民的获得感和幸福感。本项目以硬治理空间重塑为先行，软治理功能提升为重点，软硬结合，加快建设开放共享的融合型片区，打造可复制、可推广的一体化片区治理新示范。*

2019 年 11 月习近平总书记在上海考察时提出了“人民城市人民建，人民城市为人民”的重要理念。随着上海市中心城区进入城市更新时代，老旧居住片区的更新改造成为人民城市建设的重要组成部分。

汇成片区位于长桥街道西北部，由汇成苑一村到五村组成，面积约 0.2 平方千米，建于 20 世纪 90 年代，主要为 6 层行列式住宅区，主要吸纳来自中心区的动迁居民。历经超过 30 年的使用，汇成片区出现整体面貌较为陈旧、公共空间总量欠缺、存在消极空间、绿地难以使用、滨水空间缺乏且沿河步道没有贯通、围墙过多并分割空间、对于老幼人群的关爱有待提升、存在闲置建构筑物等问题。

针对上述问题，围绕长桥街道“宜居活力、生态美好”的发展目标，汇成片区一体化治理提出以“微设计、微更新、微治理”为主要方式，按照“汇成唤新、再造社区文化生境”的更新理念，优化片区整体交通组织，贯通联系公共空间脉络，重点针对西侧带状游廊、中心花园、张家塘港滨水空间等进行系统性更新设计，将消极空间转化为积极空间。在公共开放空间中铺设塑胶跑道，增加乒乓球台、羽毛球场、攀岩墙等各种健身运动器材，打造全龄友好且各具特色的居民休闲活动空间，将汇成片区打造成具有示范性的美好生活社区。同时，在更新改造过程中，注重公众参与，街道组织定期召开片区议事会，结合居民诉求不断调整实施方案，多角度、多维度、多层次地推进一体化更新改造。

目前长桥街道汇成片区公共空间优化规划设计已经实施完成，更新后的嘉陵路绿地有机串联起“长桥小南京路”百色路和张家塘港滨水空间，成为长桥地区公共空间及服务的聚力轴心；更新后的中心花园、滨水空间、生境花园等也成为周边片区居民日常使用及喜爱的活力空间。

重塑多元复合、全龄友好的公共开放空间

长桥街道汇成片区的公共开放空间主要有嘉陵路绿地、中心花园两处重要点位，但在更新前两处点位都存在一定问题，本次更新设计结合现有问题及人群使用需求，重点对两处公共开放空间进行优化与提升，打造多元复合、全龄友好的公共开放空间。

嘉陵路绿地是汇成片区与楼园小区共用的一条公共通道，南北长约 460 米，总面积约为 9500 平方米。现在绿地多处于封闭状态，可进入性及可休

中心花园鸟瞰

憩性欠缺，多为消极空间，环境质量较差，且缺乏单独安全的慢行道，很少会有居民在此停留活动，属于片区边缘的消极空间。嘉陵路绿地更新方案首先在通道南段将机动车、非机动车、人行步道分别设置，提升通行环境，确保在公共空间中活动的人群不受机动车的干扰；此外，去除现有围栏，将原本封闭的绿地全部打开，增加塑胶跑道、攀爬绳网、攀爬架、攀岩墙、听力喇叭、健身架、羽毛球场、乒乓球台等各种健身运动器材和休息座椅，将消极空间转化为积极空间；植物设计上，尽可能在保留现有植被的前提下进行局部调整，增加开花植物，形成多样化的色彩景观。嘉陵路绿地更新改造后，成为附近居民理想的休闲健身场所，达到了提升社区活力的规划设计目标。

中心花园位于汇成片区核心，以硬质铺装和不可进入的花坛为主，空间切分过于细碎，多步行通道，没有形成集中的活动空间，缺乏趣味性和生活气息。中心花园更新方案以公共空间重塑、吸引人的活动为重点导向，在基本保留原有格局的基础上，拆除多片景墙与广场中心雕塑，增加儿童游戏与居民健身设施，提升颜色、材质、形态的宜人度，多处采用弧形曲线的形态构图，形成良好的景观，并显现标志感，成为居民们乐意停留与活动的全龄友好的积极空间，更好地为社区居民服务。

打造出行便捷、滨水贯通的宜人社区

张家塘港是徐汇区重要的河道水系之一。汇成片区北临张家塘港。更新前汇成片区内的张家塘港滨水区域公共通道不连续，整体缺少可停留空间，亲水性不佳。更新方案充分挖掘滨水空间潜力，尽可能基于现有空间进行改造提升，打通滨水空间，形成连续完整的滨水活动空间，营造亲水活力体验。同时，考虑到社区治理的需求，通过下沉空间及防汛墙的重新组合，将公共滨水步道外移，并于社区内外部空间交界处设置两扇铁门，平时打开，便于汇成片区居民快捷到达滨水步道，需要时可关闭铁门，便于社区安全管理。

项目打造滨水特色休闲点位，在嘉陵路绿地北端与张家塘港交会处设置趣水园，增加休憩设施，并以多个大小各异的圆形为构图主题，种植多种花卉，当绣球花盛开的时候，吸引大量居民和行人，成为可供市民驻足的美丽滨水风景。

西部带状游廊

引导居民参与更新，促进协作式社区治理

在方案阶段，社区规划师和居委组织开展社区开放日活动，吸引居民参与活动并提出社区存在的问题，商讨解决对策。在局部地区设置“居民花园”，鼓励居民种植花卉等植物，并进行日常维护，激发居民参与协作式社区治理。更新方案保留闲置的居委会，将其改造成为新时代文明实践站，为居民日常休闲活动和参与社区治理提供空间。

在实施阶段，社区与长桥街道辖区的上海植物园共建，利用现有变电站周边角落更新后的公共空间，营造富有自然野趣的生境类花园，目前已部分实施。由居委和社区规划师进行组织引导，形成了5个种植花坛，部分爱好园艺的居民参与种植了多种花卉，为社区儿童和学生提供接触自然的场所，达到激发居民自主运维的规划目的，促进居民参与社区治理。

空间的记忆是富有归属感和情感价值的，社区更新不应随意地推倒重来，应当有机延承其在一定年代所形成的肌理文脉，并彰显一定的地域特色，承载周边人们的多元活动，并塑造出具有良好空间品质的公共区域。徐汇长桥街道汇成片区的空间更新改造及活力提升是一个针灸式、渐进式的过程，以硬治理空间重塑为先行，软治理功能提升为重点，软硬结合，加快建设开放共享的融合型片区，大大提升居民的获得感和幸福感，打造可复制、可推广的一体化片区治理新示范。

提资单位：上海现代建筑规划设计研究院有限公司

宛南六村
——“三旧”变“三新”的老旧小区改造实践

地点：上海市徐汇区

鸟瞰

***项目特征：**宛南六村项目作为徐汇区“三旧”变“三新”的上海市级精品片区的展示样板工程，是上海市目前实现加装电梯全覆盖和拆违三件套全覆盖最大的片区更新，是上海城市更新的重要组成部分，其改造后居民满意度高达95%。宛南六村的改造是上海全面践行“人民城市”重要理念的范例，也是创新推进城市更新、创造高品质生活的鲜活样本。项目已被中央电视台等主流媒体深入报道，为其他老旧小区改造提供了可借鉴的经验。目前，项目的改造正在建设推进，计划2024年9月实施完成。本项目成片区更新改造，整体提升区域风貌，激发区域焕彩新生。*

宛南六村位于徐汇区天钥桥路905弄，占地面积约2.47万平方米，涉及25幢房屋、43个门洞。为了改善居民居住环境，提升片区整体品质，徐汇区以“三旧”变“三新”（即老旧住房换新颜、老旧小区穿新衣、老旧小区居民过上新生活）为总体目标，2021年底启动宛六规模化加装电梯工作，并于2022年启动老旧小区改造工作。小区952户居民中60岁以上老人占比约45%，适老化改造成为重点。小区修缮更新按全项目标准进行，内容包括小区主入口翻新、路面围墙翻新、交通组织优化、建筑本体改造、楼道改造、绿化景观提升、雨污分流、消防空管及强弱电线入地等工作。同时还结合楼道烟感、智能门禁，以及通知栏、嵌入式健康问诊、便民食堂、文体和助浴等各种服务，让居民在家门口满足日常所需，以为民服务的实际成果检验主题教育的实际成效。

在上海市房管局的支持下，项目积极推进，整体修缮实施成效显著，提升了小区居民的获得感、满足感和幸福感，是对“人民城市人民建、人民城市为人民”的充分诠释。一是实现了加装电梯全覆盖。宛南六村快速完成了全小区43台电梯100%筹资到位签约，用24个月实现了从征询到交付使用的成片规模化全覆盖，彻底圆了“悬空老人”多年翘首以盼的加梯梦，是上海最早完成全覆盖加装的小区之一，也是徐汇区全覆盖加装最大的小区。二是修缮结合拆违的全科目片区更新，将老旧小区的修缮改造与拆违紧密结合，三件套（防盗窗、晾衣架、雨棚）全部换新、强电及信息线入地、美丽楼道提升、雨污分流改造、消防空管入地、外环境整治、优化小区交通组织、增加停车位、翻新沥青路面、宛六邻里汇统一打造提升等工作系统性结合，提升了景观绿化和全年龄活动空间，还小区居民一个干净、整洁、健康的居住环境。三是党建引领，多方参与助力加梯圆梦。枫林街道党工委、办事处始终坚持党建引领、问题导向、建管并举、协同治理，聚焦宛南六村全面升级改造，实现了宛六居民人居环境的彻底性改善，形成了条块联动、同向发力的整体性机制，深化了人人有责、人人参与的共同体建设，打造出一个治理显示度高、群众满意度高、标杆引领性强的人民城市基层实践“样板间”，为辖区内的党建引领城市更新工作提供有益启示。

搭建平台，多元整合议事机制，打造党建引领的样板间

区房管局会同枫林街道，助力宛南六村居民区搭建议事平台，将市住宅修缮中心、区房管局修缮科、住宅中心、街道管理办、加梯办、小区居委会、业委会、物业、修缮总体设计单位、管线迁移单位、加梯企业等各相关单位召集起来，进行每周一次的联系议事会。通过搭建该平台，推进加梯工作和小区修缮过程中的问题、难题的及时反馈沟通、及时协调解决。街道党工委、办事处做深做实片区治理工作机制，持续推动“九方力量”下沉小区，针对工期中“停车难”等各类矛盾，强化源头治理并联合管控；强化宛六居民区党组织核心引领功能，打好人民城市基层实践样板间的“地基”；构建在片区党委领导下，以宛六居民区党总支为核心，“9+N”方力量深度融合，党建引领、多元参与基层治理的良好格局。居民区党组织会同楼组自治小会逐户走访，一是坚持党建引领，充分发挥基层党组织战斗堡垒作用；二是建设“红色引擎”，加快完善楼道组织动员体系；三是推进协商民主，大力激发业主自治的内生动力。

人文关怀，多方助力加梯圆梦，实现焕然一新的美丽楼道形象

“美丽楼道”一体规划，楼内楼外整齐划一。对照“安全、整洁、优美”的总体创建目标，以整建制加梯为契机，不断优化楼内楼外“一体化、全要素”的设计方案。内在品质上对楼梯、地坪、管线等 10 个方面的设施设备实施更新改造，处置隐患；利用楼梯平台冲孔可拆卸模块铝板，将原本杂乱的电表、水表和管道全部藏入其中，美观整洁的同时便于日常使用维护；入户侧面冲孔铝板遮罩既保证楼道安全高度也便于弱电归槽后的维护，同行为中间套居民的使用留出余地；原有楼道和新做电梯厅的地面统一铺设防滑地砖并设置了防滑条；原有楼梯铁质扶手上部贴心地增加了木扶手；原本老旧锈蚀的钢窗全部更换为铝合金窗，设置安全卡口以便于安全防护。楼道品质提升得到整个单元楼居民的认同和支持，居民获得感十足。

内外兼修，拆违与修缮双管齐下，塑造美好社区的样板间

老旧小区中龙门架、晾衣架、防盗窗和违章搭建对小区整体风貌的影响显而易见。宛六居委会构建分层分类的民主协商治理新模式，以“楼组 − 微网格 − 居民区 − 片区”为基本议事层级，“红色引擎”坚持“露头就打”的工作原则，有力遏制违建、群租等治理顽疾。在房屋外墙修缮过程中，枫林街道抓住时间窗口，派驻工作组大力宣传并落实拆违工

改造后实景

住宅

公共楼梯

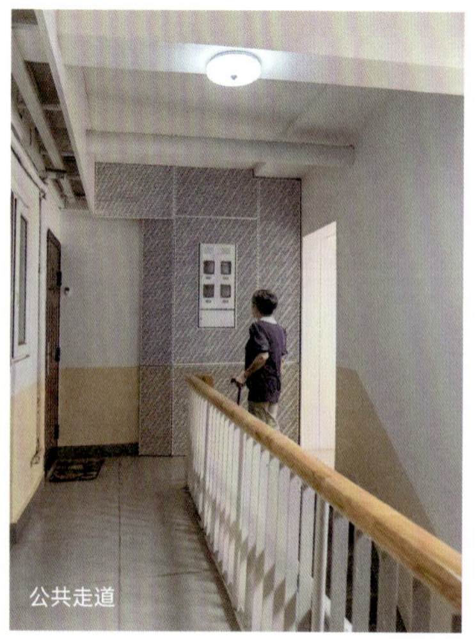
公共走道

居委会

作，劝导并协助居民拆除有安全隐患的防盗窗、天井违建等，并借助美丽楼道工程做居民工作，及时清除楼道内的堆物。小区改造以来，共拆除违建 17 处、楼内水斗铁门 33 处、吊脚楼 2 处，封门 4 处，整治群租 34 户；晾衣架、雨棚、空调机罩“外立面三件套”拆旧换新，统一样式，全面提升楼栋品质。截至目前，提升版达标率为 95.35%。

整体规划，精细设计确保人居环境改善，完成小区蝶变

项目尊重业主自治、共享公共资源和基础设施，实现资源合理配置；美丽家园、房屋修缮、环境整治、美丽楼道、附属设施五项内容共同发力，完成小区蝶变。必须平衡总体功能：小区的绿化、晾衣架、停车位同样是与居民生活息息相关的必要条件；加梯是为了提升居民生活满意度，决不能靠牺牲绿化及停车位来实现。设计将在提升绿化品质、调整绿化品种、利废和垂直补绿、儿童趣味游憩等方面来推进小区整体绿化规划设计，同时将停车位调整、重新划线一并纳入设计，合理增加机动车位。室外环境设计方面，主要是在现有基础上对社区主入口、主干道公共空间、小区围墙、绿化景观、附属用房等内容进行整体更新提升，结合小区内拥有宛六邻里汇这一独有优势，创造社区的温馨感和新鲜感，提高居民的幸福感和获得感，打造开放集约的空间格局。建筑细节上，对外墙雨棚消音材料的应用，助老新式滑轮晾衣架的优选，空调外机开孔比例样式及挡水底板的比较，雨水管、废水管、空调滴水管等外挂构件进行统一梳理和规整，将其色彩与细节融入外立面整体的功能需要和设计语言中。

文化科技赋能，城市符号与智慧社区全面推进，人文营造聚民心

徐汇区是多元包容、现代化、国际化的城市副中心，也是著名的历史风貌区。宛南六村所属的枫林街道上科研院所和医疗机构众多，本次设计以数智优服、和睦枫邻为设计理念。在徐汇区上位色彩规划的指引下，宛南六村房屋外立面改造在色彩上采用雅致的暖色调，与加装电梯完美融合。外墙大面选用象牙白涂料作为主色调，辅之以咖色的真石漆，结合抽象的城市符号 ArtDeco 线条，突出徐汇区巧而精的优雅建筑文化风貌。单元门厅多媒体电子布告、楼道自动火灾报警、燃气报警、智能停车场管理、物业管理、报警、门禁、智能车棚增设、智能垃圾房等数字城市落地于此，务求打造数字人文兼备的“精品小区”。

提资单位：上海现代建筑规划设计研究院有限公司

2020年以来上海市城市更新相关政策及法规梳理

发布时间		名称	组织编制单位/发布部门
2020年	2月	《上海市旧住房综合改造管理办法》（沪房规范〔2020〕2号）	上海市房屋管理局、上海市规划和自然资源局
	7月	《关于加强本市优秀历史建筑管理的通知》（沪房规范〔2020〕7号）	上海市住房和城乡建设管理委员会、上海市房屋管理局
	7月	《上海市住宅修缮技能提升匠心行动计划（2020—2022）》（沪房更新〔2020〕77号）	上海市房屋管理局
	7月	《关于上海市推进产业用地高质量利用的实施细则（2020版）》（沪规划资源用〔2020〕351号）	上海市规划和自然资源局、上海市经济和信息化委员会
	9月	《关于旧区改造安置住房及“城中村”改造地块免缴城市基础设施配套费的通知》（沪房规范〔2020〕9号）	上海市房屋管理局
	12月	《关于进一步加强旧改范围内历史建筑分类保留保护相关工作的通知》（沪建旧改联〔2020〕548号）	上海市住房和城乡建设管理委员会、上海市规划和自然资源局、上海市房屋管理局
2021年	1月	《关于加快推进本市旧住房更新改造工作的若干意见》（沪府办规〔2021〕2号）	上海市人民政府
	1月	《上海市国民经济和社会发展第十四个五年规划和二〇三五年远景目标纲要》（2021年1月27日上海市第十五届人民代表大会第五次会议批准）	上海市人民代表大会
	1月	《上海市住宅修缮工程管理办法》（沪房规范〔2021〕1号）	上海市住房和城乡建设管理委员会、上海市房屋管理局
	8月	《上海市城市更新条例》（2021年8月25日上海市第十五届人民代表大会常务委员会第三十四次会议通过）	上海市人民代表大会
	10月	《苏州河沿岸街区建筑立面整治设计要求》（沪房更新〔2021〕175号）	上海市房屋管理局、上海市“一江一河”工作领导小组办公室
2022年	2月	《上海市征收安置住房管理办法》（沪房规范〔2022〕1号）	上海市住房和城乡建设管理委员会、上海市房屋管理局
	5月	《上海市优秀历史建筑调查评估工作实施办法》（沪房更新〔2022〕38号）	上海市房屋管理局、上海市财政局、上海市规划和自然资源局
	7月	《关于成立上海市城市更新领导小组的通知》（沪府办〔2022〕31号）	上海市人民政府
	10月	《上海市旧住房更新有关行政调解和决定的若干规定》（沪房规范〔2022〕5号）	上海市住房和城乡建设管理委员会、上海市房屋管理局

（续表）

发布时间		名称	组织编制单位/发布部门
2022年	11月	《上海市城市更新指引》（沪规划资源规［2022］8号）	上海市规划和自然资源局、上海市住房和城乡建设管理委员会、上海市经济和信息化委员会、上海市商务委员会
	12月	《关于印发加快推进旧区改造、旧住房成套改造和“城中村”改造工作支持政策的通知》（沪府办［2022］43号）	上海市人民政府
	12月	《关于建立上海市全面推进“15分钟社区生活圈”行动联席会议制度的通知》（沪府办［2022］49号）	上海市人民政府
	12月	《上海市城市更新操作规程（试行）》（沪规划资源详［2022］505号）	上海市规划和自然资源局
2023年	1月	《上海市旧住房成套改造和拆除重建实施管理办法（试行）》（沪房规范［2023］1号）	上海市住房和城乡建设管理委员会、上海市房屋管理局、上海市规划和自然资源局、上海市发展和改革委员会
	3月	《上海市城市更新行动方案（2023—2025年）》（沪府办［2023］10号）	上海市人民政府
	8月	《上海市建筑师负责制工作指引（试行）》（沪建建管［2023］421号）	上海市住房和城乡建设管理委员会
	10月	《关于本市全面推进土地资源高质量利用的若干意见》（沪府规［2023］12号）	上海市人民政府
	11月	《关于加快转变发展方式集中推进本市城市更新高质量发展的规划资源实施意见（试行）》（沪规划资源研［2023］448号）	上海市规划和自然资源局
2024年	2月	《上海市既有建筑改造工程消防技术指南》（沪建质安联［2024］37号）	上海市住房和城乡建设管理委员会
	2月	《关于优秀历史建筑修缮（装修改造）试点建筑师负责制的指导意见（试行）》（沪建房管联［2024］87号）	上海市住房和城乡建设管理委员会
	3月	《关于旧区改造安置住房、旧住房成套改造项目、“城中村”改造项目免缴城市基础设施配套费的通知》（沪房规范［2024］2号）	上海市房屋管理局
	4月	《2024年上海市“15分钟社区生活圈”行动方案》（沪规划资源详［2024］123号）	上海市全面推进“15分钟社区生活圈”行动联席会议办公室（上海市规划和自然资源局代章）
	/	《上海历史风貌保护指南》（征询意见稿）（公示中）	上海市规划和自然资源局会同上海市房屋管理局、上海市文物局等管理部门

上海市城市更新行动方案（2023—2025年）

为深入贯彻落实党的二十大精神，全面实施《上海市城市更新条例》，有序推进城市更新行动，推动城市高质量发展，创造高品质生活，实现高效能治理，制定本行动方案。

一、总体目标

以习近平新时代中国特色社会主义思想为指导，积极践行“人民城市人民建 · 人民城市为人民”重要理念，对标上海市国民经济和社会发展第十四个五年规划和二〇三五远景目标，着力强化城市功能，以区域更新为重点，分层、分类、分区域、系统化推进城市更新，更好推动城市现代化建设．到2025年，城市更新行动全面有序开展，适应高质量发展的城市更新体制机制和政策体系健全完善，有机更新理念深入人心，城市更新工作迈上新台阶，为建设具有世界影响力的社会主义现代化国际大都市奠定坚实基础。

二、工作原则

（一）规划引领，试点先行。坚持自上而下的规划引导与自下而上的更新需求相结合，坚持问题导向、试点先行、以点带面、项目化推进，探索城市更新的新模式、新路径、新机制。

（二）区域统筹，整体推进。坚持“留改拆”并举，以保留、利用、提升为主，统筹建筑空间、滨水空间、街道空间、绿色空间和地下空间全要素管控，推动区域整体更新。

（三）民生为先，品质为重。坚持以人民为中心，充分考虑儿童、老年人、残疾人等各类特殊群体需求，着力补齐民生短板，更加注重职住平衡，提供更高品质服务，不断提升人民群众的获得感、幸福感和安全感。

（四）绿色低碳，安全韧性。坚持集约型、内涵式、绿色低碳发展，提高城市治理能力和治理水平，牢牢守住超大城市运行安全底线，提高城市韧性。

（五）传承文化，弘扬精神。坚持传承和彰显海派文化，弘扬“海纳百川、追求卓越、开明睿智、大气谦和”的上海城市精神。

（六）政府引导，共建共享。坚持党建引领、政府引导，充分激发市场活力，多方式引入社会资本，建立多元平等协商、共建共治共享机制。

三、重点任务

聚焦区域，分类梳理，重点开展城市更新六大行动。

（一）综合区域整体焕新行动。提升发展能级，统筹推进综合性区域的城市更新，聚焦重点领域和重点地区，强化分类引导，加强全要素统筹协调。

目标任务：到2025年，重点开展10个以上综合性区域更新项目，重点推进“一江一河”沿岸地区、外滩“第二立面”、衡复历史风貌区、北外滩、吴淞创新城、虹桥国际中央商务区等区域更新。

（二）人居环境品质提升行动。增进民生福祉，推动人居环境品质提升，不断改善居住条件，满足人民群众日益增长的美好生活需要。

目标任务：加快推进“两旧一村”改造工作，到2025年，全面完成中心城区零星二级旧里以下房屋改造，基本完成小梁薄板房屋改造。实施3000万平方米各类旧住房更高水平改造更新，完成既有多层住宅加装9000电梯台。中心城区周边“城中村”改造项目全面启动。创建1000个新时代“美丽家园”特色小区、100个新时代“美丽家园”示范小区。

（三）公共空间设施优化行动。优化功能品质，打造高品质城市公共空间。完善基础设施和公共服务设施，提升公共服务水平，系统提高城市应对风险能力。

目标任务：到 2025 年，加快补齐公共服务短板，盘活存量用地、用房用于各类公共设施建设。中心城各街镇以及主城片区、新城、核心镇、中心镇的居住地区全面推进“15 分钟社区生活圈”行动，一般镇及乡村地区开展试点。全市率先建成 5 个以上“15 分钟社区生活圈”示范性街镇。建设若干高品质公共服务设施。启动推进实施基础教育“高品质”校园建设项目，各区初高中学段均能新建 1–2 个“高品质”校园。完成 10 个以上公共空间优化项目，改建或新建 180 座左右口袋公园，建成 150 个以上“美丽街区”，创建 50 个“公园城市示范点”。完成架空线入地和杆箱整治 480 公里，完成燃气老化管道改造 600 公里，实施老旧供水管道改造约 1000 公里，实施排水主管检测约 4700 公里、修复或改造约 600 公里，实施配电网升级改造项目 423 个，提升桥下空间品质、提升河道景观，建成 5 个慢行交通示范区。城市建成区 40% 的区域达到海绵城市建设要求。完成应急避难场所建设 2400 万平方米。完成 1000 万平方米居住建筑节能改造，完成 1200 万平方米既有公共建筑节能改造，推进若干绿色生态城区（更新城区）建设。

（四）历史风貌魅力重塑行动。加强保护传承，促进历史文化遗产活化利用，将历史风貌保护与人民城市发展需求有机结合，合理引导空间载体活化利用。

目标任务：到 2025 年，完成 3 个以上历史风貌保护区、风貌保护街坊、风貌保护道路项目，推进 3 个以上历史古镇保护修缮和更新利用示范项目，打造 15 个以上历史建筑保护修缮和活化利用示范项目。推进山阴路风貌保护区城市更新等项目。

（五）产业园区提质增效行动。服务产业升级，推动产业园区提质增效，推动存量工业用地转型升级、创新发展，促进空间利用向集约紧凑、功能复合、低碳高效转变，培育新兴产业发展优势。

目标任务：到 2025 年，推进 3 个以上重点产业集聚区提质增效，盘活产业用地 3 万亩。

（六）商业商务活力再造行动。盘活存量资源，焕发商业商务区崭新活力，营造布局合理、结构灵活、功能多元的新业态环境，辐射带动周边区域。

目标任务：到 2025 年，推动 3 个以上市、区级传统商圈改造升级，打造 6 个国家级“一刻钟便民生活圈”和 100 个市级“一刻钟便民生活圈”，完成 5 个以上商务楼宇改造升级或转化利用项目。

四、实施保障

（一）坚持规划引领。贯彻实施城市发展目标和空间发展战略，落实各层级规划关于城市更新的相关规定与要求。

（二）健全管理体制机制。市城市更新领导小组负责研究、审议城市更新相关重大事项，领导小组办公室充分发挥统筹协调作用。

（三）加大政策供给和标准支持力度。出台城市更新支持政策、标准清单，各相关部门加快制定、实施相关政策、标准，逐步完善城市更新配套政策、标准体系。创新机制，通过市区、政企、项目联动，推动“资金、资产、资源”要素统筹和“跨周期、跨区域、跨类别”平衡。

（四）加强重点项目储备和组织实施。梳理形成六大类重点任务清单，各相关部门、各区、各推进主体加快开展前期工作，合理安排项目实施时序。在此基础上，结合发展实际，及时优化调整重点任务、重点项目。充分发挥市城市更新中心的平台作用。由各级政府组织实施的城市更新工作相关工作经费，纳入同级财政预算予以保障。

（五）搭建城市更新信息化平台。搭建城市更新信息系统，实行城市更新规划、建设、管理、运营智慧化管理，为城市更新项目实施和全生命周期管理提供服务保障。

（六）建立评估考核机制。研究建立城市更新评估体系，开展城市更新工作任务推进情况专项年度考核。

上海市城市更新条例

（2021年8月25日上海市第十五届人民代表大会常务委员会第三十四次会议通过）

第一章　总则

第一条　为了践行“人民城市”重要理念，弘扬城市精神品格，推动城市更新，提升城市能级，创造高品质生活，传承历史文脉，提高城市竞争力、增强城市软实力，建设具有世界影响力的社会主义现代化国际大都市，根据有关法律、行政法规，结合本市实际，制定本条例。

第二条　本市行政区域内的城市更新活动及其监督管理，适用本条例。

本条例所称城市更新，是指在本市建成区内开展持续改善城市空间形态和功能的活动，具体包括：

（一）加强基础设施和公共设施建设，提高超大城市服务水平；

（二）优化区域功能布局，塑造城市空间新格局；

（三）提升整体居住品质，改善城市人居环境；

（四）加强历史文化保护，塑造城市特色风貌；

（五）市人民政府认定的其他城市更新活动。

第三条　本市城市更新，坚持“留改拆”并举、以保留保护为主，遵循规划引领、统筹推进，政府推动、市场运作，数字赋能、绿色低碳，民生优先、共建共享的原则。

第四条　市人民政府应当加强对本市城市更新工作的领导。

市人民政府建立城市更新协调推进机制，统筹、协调全市城市更新工作，并研究、审议城市更新相关重大事项；办公室设在市住房城乡建设管理部门，具体负责日常工作。

第五条　规划资源部门负责组织编制城市更新指引，按照职责推进产业、商业商办、市政基础设施和公共服务设施等城市更新相关工作，并承担城市更新有关规划、土地管理职责。

住房城乡建设管理部门按照职责推进旧区改造、旧住房更新、“城中村”改造等城市更新相关工作，并承担城市更新项目的建设管理职责。

经济信息化部门负责根据本市产业发展规划，协调、指导重点产业发展区域的城市更新相关工作。

商务部门负责根据本市商业发展规划，协调、指导重点商业商办设施的城市更新相关工作。

发展改革、房屋管理、交通、生态环境、绿化市容、水务、文化旅游、应急管理、民防、财政、科技、民政等其他有关部门在各自职责范围内，协同开展城市更新相关工作。

第六条　区人民政府（含作为市人民政府派出机构的特定地区管理委员会，下同）是推进本辖区城市更新工作的主体，负责组织、协调和管理辖区内城市更新工作。

街道办事处、镇人民政府按照职责做好城市更新相关工作。

第七条　本市设立城市更新中心，按照规定职责，参与相关规划编制、政策制定、旧区改造、旧住房更新、产业转型以及承担市、区人民政府确定的其他城市更新相关工作。

第八条　本市设立城市更新专家委员会（以下简称专家委员会）。

专家委员会按照本条例的规定，开展城市更新有关活动的评审、论证等工作，并为市、区人民政府的城市更新决策提供咨询意见。

专家委员会由规划、房屋、土地、产业、建筑、交通、生态环境、城市安全、文史、社会、经济和法律等方面的人士组成，具体组成办法和工作规则另行规定。

第九条　本市建立健全城市更新公众参与机制，

依法保障公众在城市更新活动中的知情权、参与权、表达权和监督权。

第十条　本市依托“一网通办”“一网统管”平台，建立全市统一的城市更新信息系统。

城市更新指引、更新行动计划、更新方案以及城市更新有关技术标准、政策措施等，应当同步通过城市更新信息系统向社会公布。

市、区人民政府及其有关部门依托城市更新信息系统，对城市更新活动进行统筹推进、监督管理，为城市更新项目的实施和全生命周期管理提供服务保障。

第二章　城市更新指引和更新行动计划

第十一条　市规划资源部门应当会同市发展改革、住房城乡建设管理、房屋管理、经济信息化、商务、交通、生态环境、绿化市容、水务、文化旅游、应急管理、民防、财政、科技、民政等部门，编制本市城市更新指引，报市人民政府审定后向社会发布，并定期更新。

编制城市更新指引过程中，应当听取专家委员会和社会公众的意见。

第十二条　编制城市更新指引应当遵循以下原则：

（一）符合国民经济和社会发展规划、国土空间总体规划，统筹生产、生活和生态布局；

（二）破解城市发展中的突出问题，推动城市功能完善和品质提升；

（三）聚焦城市发展重点功能区和新城建设，发挥示范引领和辐射带动作用；

（四）注重历史风貌保护和文化传承，拓展文旅空间，提升城市魅力；

（五）持续改善城市人居环境，构建多元融合的“十五分钟社区生活圈”，不断满足人民群众日益增长的美好生活需要；

（六）强化产业发展统筹，促进重点产业转型，提升城市创新能级；

（七）加强城市风险防控和安全运行保障，提升城市韧性。

第十三条　城市更新指引应当明确城市更新的指导思想、总体目标、重点任务、实施策略、保障措施等内容，并体现区域更新和零星更新的特点和需求。

第十四条　区人民政府根据城市更新指引，结合本辖区实际情况和开展的城市体检评估报告意见建议，对需要实施区域更新的，应当编制更新行动计划；更新区域跨区的，由市人民政府指定的部门或者机构编制更新行动计划。

确定更新区域时，应当优先考虑居住环境差、市政基础设施和公共服务设施薄弱、存在重大安全隐患、历史风貌整体提升需求强烈以及现有土地用途、建筑物使用功能、产业结构不适应经济社会发展等区域。

第十五条　物业权利人以及其他单位和个人可以向区人民政府提出更新建议。

区人民政府应当指定部门对更新建议进行归类和研究，并作为确定更新区域、编制更新行动计划的重要参考。

第十六条　市人民政府指定的部门或者机构、区人民政府（以下统称编制部门）在编制更新行动计划的过程中，应当通过座谈会、论证会或者其他方式，广泛听取相关单位和个人的意见。

第十七条　更新行动计划应当明确区域范围、目标定位、更新内容、统筹主体要求、时序安排、政策措施等。

第十八条　更新行动计划经专家委员会评审后，由编制部门报市人民政府审定后，向社会公布。编制部门应当做好更新行动计划的解读、咨询工作。

更新行动计划主要内容调整的，应当依照本章有关规定，履行听取意见、评审、审议和公布等程序。

第三章　城市更新实施

第十九条　更新区域内的城市更新活动，由更新统筹主体统筹开展；由更新区域内物业权利人实施的，应当在更新统筹主体的统筹组织下进行。

零星更新项目，物业权利人有更新意愿的，可以由物业权利人实施。

根据前两款规定，由物业权利人实施更新的，可以采取与市场主体合作方式。

第二十条　本市建立更新统筹主体遴选机制。市、区人民政府应当按照公开、公平、公正的原则组织遴选，确定与区域范围内城市更新活动相适应的市场主体作为更新统筹主体。更新统筹主体遴选机制由市人民政府另行制定。

属于历史风貌保护、产业园区转型升级、市政基础设施整体提升等情形的，市、区人民政府也可以指定更新统筹主体。

第二十一条　更新区域内的城市更新活动，由更新统筹主体负责推动达成区域更新意愿、整合市场资源、编制区域更新方案以及统筹、推进更新项目的实施。

市、区人民政府根据区域情况和更新需要，可以赋予更新统筹主体参与规划编制、实施土地前期准备、配合土地供应、统筹整体利益等职能。

第二十二条　更新统筹主体应当在完成区域现状调查、区域更新意愿征询、市场资源整合等工作后，编制区域更新方案。

区域更新方案主要包括规划实施方案、项目组合开发、土地供应方案、资金统筹以及市政基础设施、公共服务设施建设、管理、运营要求等内容。

编制规划实施方案，应当遵循统筹公共要素资源、确保公共利益等原则，按照相关规划和规定，开展城市设计，并根据区域目标定位，进行相关专题研究。

第二十三条　编制区域更新方案过程中，更新统筹主体应当与区域范围内相关物业权利人进行充分协商，并征询市、区相关部门以及专家委员会、利害关系人的意见。

市、区相关部门应当加强对更新统筹主体编制区域更新方案的指导。

第二十四条　更新统筹主体应当将区域更新方案报所在区人民政府或者市规划资源部门，并附具相关部门、专家委员会和利害关系人意见的采纳情况和说明。

区人民政府或者市规划资源部门对区域更新方案进行论证后予以认定，并向社会公布。具体分工和程序，由市人民政府另行规定。

第二十五条　更新统筹主体应当根据区域更新方案，组织开展产权归集、土地前期准备等工作，配合完成规划优化和更新项目土地供应。

第二十六条　区域更新方案经认定后，更新项目建设单位依法办理立项、土地、规划、建设等手续；区域更新方案包含相关审批内容且符合要求的，相关部门应当按照“放管服”改革以及优化营商环境的要求，进一步简化审批材料、缩减审批时限、优化审批环节，提高审批效能。

第二十七条　零星更新项目的物业权利人有更新意愿的，应当编制项目更新方案。项目更新方案主要包括规划实施方案和市政基础设施、公共服务设施建设、管理、运营要求等内容。

项目更新方案的意见征询、认定、公布等程序，参照本章规定执行。

第二十八条　开展城市更新活动，应当遵守以下一般要求：

（一）优先对市政基础设施、公共服务设施等进行提升和改造，推进综合管廊、综合杆箱、公共充电桩、物流快递设施等新型集约化基础设施建设；

（二）按照规定进行绿色建筑建设和既有建筑绿色改造，发挥绿色建筑集约发展效应，打造绿色生态城区；

（三）按照海绵城市建设要求，综合采取措施，提高城市排水、防涝、防洪和防灾减灾能力；

（四）对地上地下空间进行综合统筹和一体化提升改造，提高城市空间资源利用效率；

（五）完善城市信息基础设施，推动经济、生活、治理全面数字化转型；

（六）通过对既有建筑、公共空间进行微更新，持续改善建筑功能和提升生活环境品质；

（七）按照公园城市建设要求，完善城市公园体系，全面提升城市生态环境品质；

（八）加强公共停车场（库）建设，推进轨道交通场站与周边地区一体化更新建设；

（九）国家和本市规定的其他要求。

第二十九条　更新项目建设单位应当按照规定，建立更新项目质量和安全管理制度，采取风险防控措施，加强质量和安全管理；涉及既有建筑结构改造或者改变建筑设计用途的，应当开展质量安全检测。

更新项目建设单位应当统筹考虑更新区域的实际情况，组织制定抗震、消防功能整体性提升方案，综合运用建筑抗震、消防新技术等手段，提升更新区域整体抗震、消防性能。

第三十条　在城市更新过程中确需搬迁业主、公房承租人，更新项目建设单位与需搬迁的业主、公房承租人协商一致的，应当签订协议，明确房屋产权调换、货币补偿等方案。

第三十一条　在城市更新过程中，为了促进国民经济和社会发展等公共利益，按照国家和本市有关房屋征收与补偿规定确需征收房屋提升城市功能的，应当遵循决策民主、程序正当、结果公开的原则，广泛征求被征收人的意愿，科学论证征收补偿方案。

作出房屋征收决定的区人民政府对被征收人给予补偿后，被征收人应当在补偿协议约定或者补偿决定确定的搬迁期限内完成搬迁。被征收人在法定期限内不申请行政复议或者不提起行政诉讼，在补偿决定规定的期限内又不搬迁的，由作出房屋征收决定 的区人民政府依法申请人民法院强制执行。

第三十二条　对于建筑结构差、年久失修、功能不全、存在安全隐患且无修缮价值的公有旧住房，经房屋管理部门组织评估，需要采用拆除重建方式进行更新的，拆除重建方案应当充分征求公房承租人意见，并报房屋管理部门同意。公房产权单位应当与公房承租人签订更新协议，并明确合理的回搬或者补偿安置方案；签约比例达到百分之九十五以上的，协议方可生效。

对于建筑结构差、功能不全的公有旧住房，确需保留并采取成套改造方式进行更新，经房屋管理部门组织评估需要调整使用权和使用部位的，调整方案应当充分征求公房承租人意见，并报房屋管理部门同意。公房产权单位应当与公房承租人签订调整协议，并明确合理的补偿安置方案。签约比例达到百分之九十五以上的，协议方可生效。

公房承租人拒不配合拆除重建、成套改造的，公房产权单位可以向区人民政府申请调解；调解不成的，为了维护和增进社会公共利益，推进城市规划的实施，区人民政府可以依法作出决定。公房承租人对决定不服的，可以依法申请行政复议或者提起行政诉讼。在法定期限内不申请行政复议或者不提起行政诉讼，在决定规定的期限内又不配合的，由作出决定的区人民政府依法申请人民法院强制执行。

第一款、第二款规定的拆除重建、成套改造项目中涉及私有房屋的，更新协议、调整协议的签约及相关工作要求按照前款规定执行。

第三十三条　本市开展既有多层住宅加装电梯工作，应当遵循民主协商、因地制宜、安全适用、风貌协调的原则。既有多层住宅需要加装电梯的，应当按照《中华人民共和国民法典》关于业主共同决定事项的规定进行表决。表决通过后，按照国家和本市有关规定，开展加装电梯工作。对于加装电梯过程中产生争议的，依法通过协商、调解、诉讼等方式予以解决。

街道办事处、镇人民政府应当做好加装电梯相关协调、推进工作。

第三十四条　在优秀历史建筑的周边建设控制范围内新建、扩建、改建以及修缮建筑的，应当在使用性质、高度、体量、立面、材料、色彩等方面与优秀历史建筑相协调，不得改变建筑周围原有的空间景观特征，不得影响优秀历史建筑的正常使用。

第四章　城市更新保障

第三十五条　市、区人民政府及其有关部门应当完善城市更新政策措施，深化制度创新，加大资源统筹力度，支持和保障城市更新。

第三十六条　市、区人民政府应当安排资金，对旧区改造、旧住房更新、“城中村”改造以及涉及公共利益的其他城市更新项目予以支持。

鼓励通过发行地方政府债券等方式，筹集改造资金。

第三十七条　鼓励金融机构依法开展多样化金融产品和服务创新，满足城市更新融资需求。支持符合条件的企业在多层次资本市场开展融资活动，发挥金融对城市更新的促进作用。

第三十八条　城市更新项目，依法享受行政事业性收费减免和税收优惠政策。

第三十九条　因历史风貌保护、旧住房更新、重点产业转型升级需要，有关建筑间距、退让、密度、面宽、绿地率、交通、市政配套等无法达到标准和规范的，有关部门应当按照环境改善和整体功能提升的原则，制定适合城市更新的标准和规范。

第四十条　更新区域内项目的用地性质、容积率、建筑高度等指标，在保障公共利益、符合更新目标的前提下，可以按照规划予以优化。

对零星更新项目，在提供公共服务设施、市政基础设施、公共空间等公共要素的前提下，可以按照规定，采取转变用地性质、按比例增加经营性物业建筑量、提高建筑高度等鼓励措施。

旧住房更新可以按照规划增加建筑量；所增加的建筑量在满足原有住户安置需求后仍有增量空间的，可以用于保障性住房、租赁住房和配套设施用途。

第四十一条　根据城市更新地块具体情况，供应土地采用招标、拍卖、挂牌、协议出让以及划拨等方式。按照法律规定，没有条件，不能采取招标、拍卖、挂牌方式的，经市人民政府同意，可以采取协议出让方式供应土地。鼓励在符合法律规定的前提下，创新土地供应政策，激发市场主体参与城市更新活动的积极性。

物业权利人可以通过协议方式，将房地产权益转让给市场主体，由该市场主体依法办理存量补地价和相关不动产登记手续。

城市更新涉及旧区改造、历史风貌保护和重点产业区域调整转型等情形的，可以组合供应土地，实现成本收益统筹。

城市更新以拆除重建和改建、扩建方式实施的，可以按照相应土地用途和利用情况，依法重新设定土地使用期限。

对不具备独立开发条件的零星土地，可以通过扩大用地方式予以整体利用。

城市更新涉及补缴土地出让金的，应当在土地价格市场评估时，综合考虑土地取得成本、公共要素贡献等因素，确定土地出让金。

第四十二条　市住房城乡建设管理部门会同相关部门，建立全市统一的市政基础设施维护及资金保障机制，推进市政基础设施全生命周期智慧化运营和管理。

第四十三条　在本市历史建筑集中、具有一定历史价值的地区、街坊、道路区段、河道区段等已纳入更新行动计划的历史风貌保护区域开展风貌保护，以及对优秀历史建筑进行保护的过程中，符合公共利益确需征收房屋的，按照国家和本市有关规定开展征收和补偿。

城市更新因历史风貌保护需要，建筑容积率受到限制的，可以按照规划实行异地补偿；城市更新项目实施过程中新增不可移动文物、优秀历史建筑以及需要保留的历史建筑的，可以给予容积率奖励。

第四十四条　本市探索建立社区规划师制度，发挥社区规划师在城市更新活动中的技术咨询服务、公众沟通协调等作用，推动多方协商、共建共治。

第四十五条　鼓励在符合规划和相关规定的前提下，整合可利用空地与闲置用房等空间资源，增加公共空间，完善市政基础设施与公共服务设施，优化提升城市功能。

鼓励既有建筑在符合相关规定的前提下进行更新改造，改善功能。

经规划确定保留的建筑，在规划用地性质兼容的前提下，功能优化后予以利用的，可以依法改变使用用途。

鼓励旧住房与周边闲置用房进行联动更新改造，改善功能。

第四十六条　本市加强对归集优秀历史建筑、花园住宅类公有房屋承租权的管理。经市人民政府同意，符合条件的市场主体可以归集优秀历史建筑、花园住宅类公有房屋承租权，实施城市更新。

经区人民政府同意，符合条件的市场主体可以归集除优秀历史建筑、花园住宅类以外的公有房屋承租权，实施城市更新。

公有房屋出租人可以通过有偿回购承租权、房屋置换等方式，归集公有房屋承租权，实施城市更新。

第四十七条　城市更新活动涉及居民安置的，可以按照规定统筹使用保障性房源。

第四十八条　市、区人民政府加强产业统筹发展力度，引导产业转型升级。

鼓励存量产业用地根据区域功能定位和产业导向实施更新，通过合理确定开发强度、创新土地收储管理等方式，完善利益平衡机制。

鼓励产业空间高效利用，根据资源利用效率评价结果，分级实施相应的能源、规划、土地、财政等政策，促进产业用地高效配置。

鼓励更新统筹主体通过协议转让、物业置换等方式，取得存量产业用地。

第四十九条　国有企业土地权利人应当带头承担国家、本市重点功能区开发任务，实施自主更新。

国有企业应当积极向市场释放存量土地，促进存量资产盘活。

国有资产监督管理机构应当建立健全与国有企业参与城市更新活动相适应的考核机制。

第五章　监督管理

第五十条　本市对城市更新项目实行全生命周期管理。

城市更新项目的公共要素供给、产业绩效、环保节能、房地产转让、土地退出等全生命周期管理要求，应当纳入土地使用权出让合同。对于未约定产业绩效、土地退出等全生命周期管理要求的存量产业用地，可以通过签订补充合同约定。

市、区有关部门应当将土地使用权出让合同明确的管理要求 以及履行情况纳入城市更新信息系统，通过信息共享、协同监管，实现更新项目的全生命周期管理。对于有违约转让、绩效违约等违反合同情形的，市、区人民政府应当依照法律、法规、规章和 合同约定进行处置。

第五十一条　市、区人民政府应当加强对本行政区域内城市更新活动的监督；有关部门应当结合城市更新项目特点，分类制定和实行相应的监督检查制度。

市、区人民政府可以根据实际情况，委托第三方开展城市更新情况评估。

第五十二条　财政、审计等部门按照各自职责和有关规定，对城市更新中的国有资金使用情况进行监督。

第五十三条　对于违反城市更新相关规定的行为，任何单位和个人有权向市、区人民政府及其有关部门投诉、举报；市、区人民政府及其有关部门应当按照规定进行处理。

第五十四条　市、区人民代表大会常务委员会通过听取和审议专项工作报告、组织执法检查等方式，加强对本行政区域内城市更新工作的监督。

市、区人民代表大会常务委员会应当充分发挥人大代表作用，汇集、反映人民群众的意见和建议，督促有关方面落实城市更新的各项工作。

第六章　浦东新区城市更新特别规定

第五十五条　浦东新区应当统筹推进城市有机更新，与老城区联动，加快老旧小区改造，打造时代特色城市风貌。支持浦东新区在城市更新机制、模式、管理等方面率先进行创新探索；条件成熟时，可以在全市推广。

第五十六条　浦东新区人民政府可以指定更新统筹主体，统筹开展原成片出让区域等建成区的更新。

第五十七条　浦东新区人民政府编制更新行动

计划时，应当优化地上、地表和地下分层空间设计，明确强制性和引导性规划管控要求，探索建设用地垂直空间分层设立使用权。

第五十八条　浦东新区应当通过保障民生服务设施、共享社区公共服务设施和公共活动空间、构建便捷社区生活圈等方式推进城市更新空间复合利用。

第五十九条　浦东新区探索将建筑结构差、年久失修、建造标准低、基础设施薄弱等居住环境差的房屋，纳入旧区改造范围。

第六十条　浦东新区应当创新存量产业用地盘活、低效用地退出机制。

支持浦东新区深化产业用地“标准化”出让方式改革，增加混合产业用地供给，探索不同产业用地类型合理转换。

第七章　法律责任

第六十一条　违反本条例规定的行为，法律、法规已有处理规定的，从其规定。

第六十二条　有关部门及其工作人员违反本条例规定的，由其上级机关或者监察机关依法对直接负责的主管人员和其他直接责任人员给予处分。

第八章　附则

第六十三条　旧区改造、旧住房更新、“城中村”改造等城市更新活动，国家有相关规定的，从其规定。

对旧区改造、旧住房更新、“城中村”改造的计划、实施等方面，本条例未作具体规定的，适用本市其他相关规定。

第六十四条　本条例自 2021 年 9 月 1 日起施行。

后 记

2024 年 1 月 29 日中国建筑学会科技咨询中心（上海）开幕之际，中国建筑学会修龙理事长、李存东秘书长到访上海，并组织召开了“上海城市更新座谈会”。参加座谈会的有上海城投集团、瑞安、华东院、水石设计等 20 余家单位代表，座谈会上修理事长提出：“上海在城市更新推进中有许多优秀的案例，上海市建筑学会在其中做了很多探索性的工作，应该总结提炼出经验，同时也希望加强各地城市更新工作的交流，更好地推动和引领全国学界的工作。”

基于此背景，为推动各地区城市更新工作的交流，中国建筑学会联合地方学会推荐优秀城市更新项目，编辑出版《城市更新 · 地方样本》系列丛书，意在通过示范优秀案例，相互交流以及积极的探索和实践。《城市更新 · 上海样本》是《城市更新 · 地方样本》系列丛书的第一本，我们立足于探索成功案例的构成逻辑和内在动因，形成可操作和可复制的经验。

经过编委会和工作组的层层筛选、严格把关，在申报的约 70 余个项目中，书中共收录了 32 个城市更新类型项目，分别以标志上海、历史城区、公共空间、商业空间、工业遗址、社区更新六个篇章分述汇编。本次案例汇编，不仅仅是对项目的基本情况、规划和建筑设计在技术层面的介绍，更重要的是突出项目在建设和运行过程中的难点，在“以人为本”和“城市贡献”的目标导向下，尝试在现有框架下合理合法的创新，在业态运营目标导向下的规划与建筑设计前期策划，解决资金平衡可操作的金融创新，在城市更新中发挥“建筑师负责制”积极作用等各方面的创新案例。

在编写的过程中，我们得到了各有关单位的大力支持！感谢住建部科技司和中国建设学会相关部门的指导，感谢上海市建筑学会、公共艺术研究中心和《建筑实践》杂志的大力支持！感谢各提资单位不厌其烦的多次修改和补充完善，感谢为编写和出版本书作出贡献的所有单位和人员！

“城市更新 · 上海样本”编写组

2024年7月31日